河北省精品在线开放课程配套教材

高等学校应用型人才培养系列教材

王亚全　吴　钢　主　编

齐欣萌　黄　燕　副主编

Photoshop 图形图像制作

微课版

化学工业出版社

·北京·

内容简介

本教材立足于新时代高质量设计类应用型人才培养，全面深入介绍Photoshop各项核心功能与操作技巧，并将AI辅助设计贯穿全书，强化技术与创意融合。全书共10章，具体包括Photoshop基础知识、图层深度解析、选区深度解析、变换与变形工具、色彩管理与调整、滤镜与特效、图像编辑与调整、文字工具、视频与动画，以及前沿的生成式填充与生成式扩展技术。

全书采用实战案例详解的编写模式，在42个案例中穿插技术讲堂讲解关键知识点，将软件技能学习融入实际项目，提升学生的实操能力与创意设计水平。每章设置操作实战、技术讲堂与AI辅助制作模块，帮助学生全面、直观掌握从基础到高级的图像处理技能。为方便教学，本书提供配套案例操作视频教程、源文件、素材，并配有课件PPT、教案、教学大纲，全面支持数字化教学与混合式课堂。

本书可作为高等院校视觉传达设计、环境设计、数字媒体艺术、动画等专业的教材，还适用于从事平面广告设计、包装设计、插画设计、网页制作、三维动画设计、影视广告设计制作等行业人员。

图书在版编目（CIP）数据

Photoshop图形图像制作 / 王亚全，吴钢主编. 北京：化学工业出版社，2025. 11. -- (高等学校应用型人才培养系列教材). -- ISBN 978-7-122-49552-5

Ⅰ. TP391. 413

中国国家版本馆CIP数据核字第2025AY8629号

责任编辑：张　阳　　文字编辑：刘　璐　　装帧设计：张　辉
责任校对：宋　夏　　版式设计：梧桐影

出版发行：化学工业出版社
（北京市东城区青年湖南街13号　邮政编码100011）
印　　装：北京缤索印刷有限公司
787mm×1092mm　1/16　印张9½　字数230千字
2025年12月北京第1版第1次印刷

购书咨询：010-64518888　　售后服务：010-64518899
网　　址：http://www.cip.com.cn
凡购买本书，如有缺损质量问题，本社销售中心负责调换。

定　　价：59.80元

前言

在数字化转型与人工智能蓬勃发展的时代浪潮中，图形图像技术作为信息传播与创意表达的关键载体，已深度渗透至社会生产生活的方方面面，成为驱动创新发展、提升文化软实力与视觉传播效能的核心力量。2025年8月21日，国务院印发的《关于深入实施“人工智能+”行动的意见》，为各领域智能化升级指明了方向，强调了人工智能技术在推动产业变革、提升民生福祉、优化社会治理等方面的重要作用。在此政策指引下，我们精心编写了《Photoshop图形图像制作》这本教材，旨在帮助学习者系统掌握Photoshop 2025版本的强大功能与图形图像制作技能，同时充分发挥AI技术优势，助力新时代创新型、复合型人才的培养。

Photoshop作为全球领先的图形图像处理软件，历经持续迭代升级，更是深度融合前沿AI技术，功能日臻完善与强大，将图像处理效率与智能化程度提升至全新高度，为平面设计、广告创意、摄影后期、影视制作等行业带来前所未有的创作机遇与变革。本教材紧密围绕新时代设计类应用型人才的高质量培养展开，全面深入地介绍Photoshop各项核心功能与操作技巧，并将AI技术应用贯穿始终，使学习者既能熟练掌握传统图像处理方法，又能紧跟人工智能发展趋势，灵活运用AI技术赋能创作，提升作品质量与产出效率。

在教材编写过程中，我们严格遵循国家教材建设相关要求，全面贯彻落实党的二十大精神，将其有机融入内容体系，着力培养学习者的爱国主义情怀、创新精神与社会责任感，引导其树立正确的世界观、人生观和价值观。同时，积极挖掘课程思政元素，将思政教育与专业知识传授紧密结合，实现知识传授、能力培养与价值塑造的有机统一。

本教材在内容编排上遵循由浅入深、循序渐进的原则，从基础知识与基本操作入手，逐步引导学习者深入理解图像处理原理与技巧，并通过丰富多样的实际案例，帮助其掌握软件在不同领域的应用方法。各章节均设置明确的学习目标、典型的操作实战、必要的技术讲解、针对性的实践练习，确保学习者能够在理论学习与实践操作中稳步提升专业能力。此外，教材还注重培养学习者的创新思维与自主学习能力，通过多样化案例解析，引导其在掌握基本技能的基础上，积极探索利用AI技术进行创意表达与设计创新的新途径。

本教材致力于为学习者提供全方位、多元化的学习支持。各章均配备高清视频教程、丰富案例素材、电子课件等教学资源，还充分利用AI技术搭建智能学习辅助平台。学习者可通过扫描教材中的二维码、登录出版社官方网站获取相关资源，实现随时随地的自主学习与巩固提升。

本教材由河北科技大学影视学院教师王亚全、河北开放大学教师吴钢主编，江西技师学院齐欣萌、鹰潭职业技术学院黄燕担任副主编，子汇（邢台）企业管理咨询有限公司刘克晓参编。他们在多年的专业课教学、行业实践中积累了丰富的教学经验，积攒了大量的应用实例。该教材为河北省精品在线开放课程“Photoshop数字图像处理”配套教材，河北科技大学立项教材，河北省新文科研究与改革实践项目（2021GJXWK081）、河北省燕赵黄金台聚才计划骨干人才项目（B2024019）、河北省高等学校青年拔尖人才计划项目（BJ2025341）阶段性研究成果。

衷心期望通过本教材的学习，广大学习者能够熟练掌握Photoshop 2025版本的图形图像制作技能，并灵活运用AI技术激发创作灵感，在未来的学习、工作与生活中创作出更多具有创新性与感染力的优秀作品。也期待本教材能够为推动我国图形图像技术教育发展，培养适应人工智能时代需求的高素质人才贡献一份力量。

由于编写时间与编者水平有限，教材中难免存在不足之处，敬请广大读者批评指正，多提宝贵意见和建议。

编者

2025年9月

目 录

第1章 Photoshop基础知识

知识目标 ● 掌握Photoshop的发展脉络与行业地位，了解Photoshop从“Display”到全球主流图像处理软件的演进历程；熟悉软件基础操作逻辑，掌握位图与矢量图的特性差异、像素与分辨率的关系；理解Photoshop工作界面（工具栏、面板、菜单栏）的功能分区及协作逻辑。掌握核心工具与文件管理，熟练运用“文件”菜单的新建、打开、存储（PSD/PNG/JPG等格式）、导出（含画板、图层批量导出）；理解“历史记录”面板的撤销机制与快照功能。

能力目标 ● 熟练驾驭Photoshop的操作界面，能够灵活调用各类工具、面板与菜单指令；能够独立完成文档的新建、打开、存储与多格式导出操作；掌握缩放与查看指令的使用，具备精准把控画面细节的能力；能够运用“历史记录”面板进行操作的撤销与恢复，提高编辑效率。

素质目标 ● 培养数字创意职业素养，建立“细节决定品质”的严谨态度（如分辨率设置对印刷的影响）；养成规范命名、分类存储文件的习惯，提升团队协作效率。树立技术伦理与版权意识，理解Adobe正版软件生态系统对行业的意义，拒绝盗版；在导出文件时主动嵌入ICC配置文件与元数据，尊重原创版权。

重点难点 ● 重点：“图层”面板的管理。
难点：“历史记录”面板。

思维导图 ●

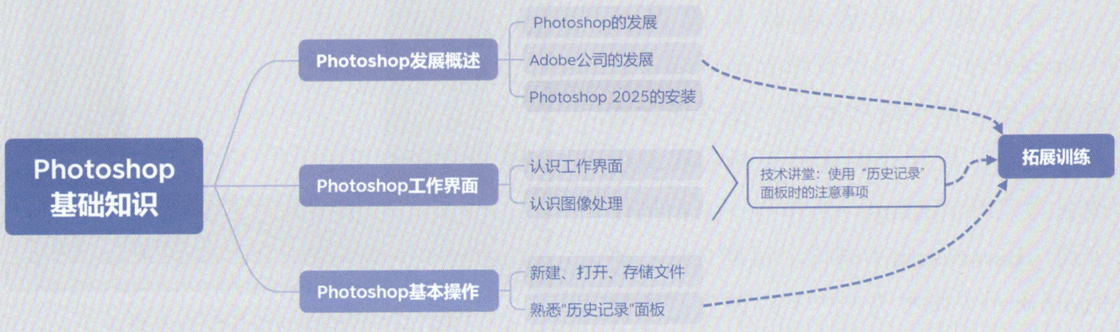

1.1 Photoshop发展概述

1.1.1 Photoshop的发展

▶ 微课视频 ◀

1946年2月14日，世界上第一台通用电子计算机ENIAC（电子数字积分计算机），在美国宾夕法尼亚大学宣告诞生（图1-1）。这一事件不仅开启了信息时代的大门，更在无声中孕育了一场视觉革命——当屏幕首次以像素呈现计算结果时，“电子图像”也随之走进大众视野，重塑了人类观看与创造的方式。正是这场前所未有的社会震荡，为后来Photoshop的问世铺就了道路。

图1-1 世界上第一台通用电子计算机

1987年，托马斯·诺尔（Thomas Knoll）在美国密歇根大学就读博士研究生时，利用课余时间编写了一个叫作“Display”的程序，程序的功能是让黑白位图显示器显示灰阶图像。托马斯的兄弟约翰·诺尔（John Knoll）此时就职于光影魔幻工业特效公司，他建议托马斯将“Display”变成一个处理数字图像的程序，于是在1988年两兄弟用六个月合作完成这个项目。他们相继开发出了羽化、色彩调整、颜色校正、画笔、支持滤镜插件和各种文件格式等功能。

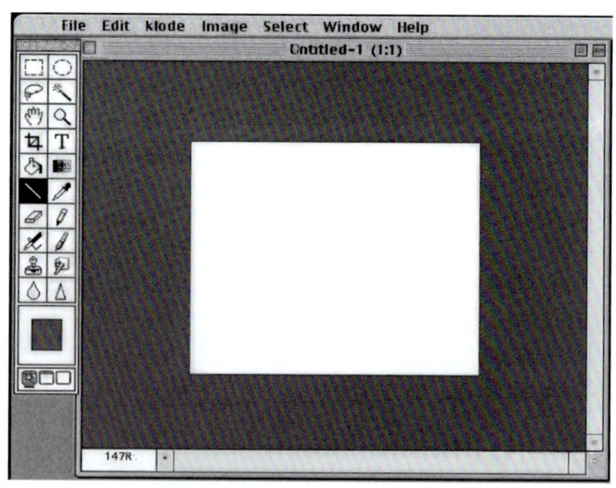

图1-2 Photoshop 0.87版本界面

最初托马斯想将软件改名为“ImagePro”，但没曾想到这个名字已经被使用。同年晚些时候，托马斯参加展览时在一位观众的建议下最终将软件改名为“Photoshop”，并与一家扫描仪公司（Barneyscan）进行了短期合作，将Photoshop（版本为0.87）以该公司出售的扫描仪的赠品的方式送给消费者，用于处理扫描仪扫描下来的图像，这才让Photoshop得以问世（图1-2）。与Barneyscan公司的合作并不能让Photoshop进行独立销售，于是兄弟二人开始寻找新的合作方。

1988年8月，Adobe公司业务拓展和战略规划部主管在Macword Expo博览会上看到了Photoshop并开始关注它。9月的一天，约翰·诺尔受邀到Adobe公司做Photoshop功能演示，Adobe公司的创始人之一约翰·沃诺克（John Warnock）对这款软件也很感兴趣，在他的协调下，Adobe公司获得了Photoshop的授权许可（1995年，Adobe公司以3450万美元的价格买下了Photoshop的所有权）。

1990年2月，Adobe公司推出Photoshop 1.0，当时Photoshop是Macintosh（苹果计算机）的专属软件，因此销售状况并不理想（图1-3）。

图1-3　Adobe Photoshop 1.0版本界面

Adobe公司曾一度将其当作Illustrator的子产品，以及用于PostScript的促销，那段时间，Photoshop颇受冷遇。1991年2月，这一情况出现逆转，Photoshop 2.0的面世引发了桌面印刷的革命。以此为契机，Adobe公司开发出Windows版本——Photoshop 2.5，Windows系统因其更广泛的使用性和更好的普及度而备受追捧，这也让Photoshop的知名度迅速增长（图1-4）。

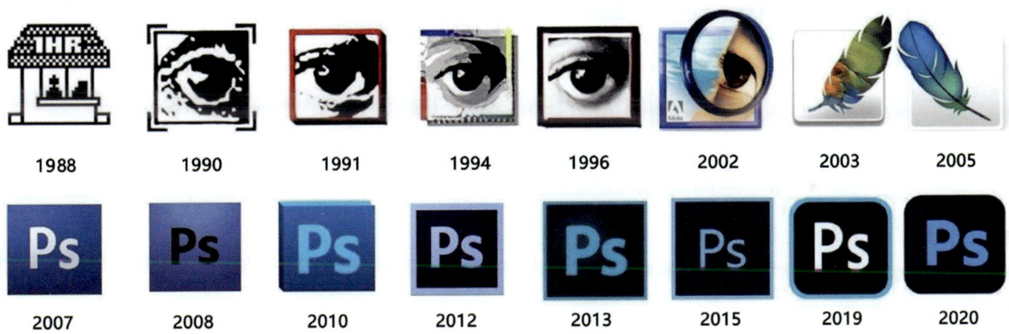

图1-4　Adobe Photoshop各版本标志

1.1.2 Adobe公司的发展

1982年12月，Adobe公司由约翰·沃诺克和查尔斯·格什克创办，总部位于美国加利福尼亚州的圣何塞，公司名称“Adobe”来自公司办公室附近的一条小河——Adobe Creek（奥多比溪）。

1985年，Adobe公司推出第一个产品PostScript，解决了个人计算机与打印设备之间的通信问题，使文件在任何类型的机器上打印都能获得清晰、一致的文字和图像，并引发了“桌面出版革命”。史蒂夫·乔布斯曾为此专程到Adobe公司考察，并与其签订了第一份合同。他还说服两位创始人放弃做一家硬件公司的想法，专做软件研发。二人后来回忆：

“如果没有史蒂夫当时的高瞻远瞩和冒险精神，Adobe就没有今天。”

专注于软件领域后，Adobe公司先后开发出Illustrator（1987年）、Acrobat（1993年）、PDF（便携文档格式，1993年）、InDesign（1999年）等革新性的技术和软件。此外，Adobe公司还通过收购其他公司，将Premiere、PageMaker、After Effects、Flash、Dreamweaver、Fireworks、FreeHand等软件纳入囊中，成为横跨各种媒介和显示设备的软件帝国（图1-5）。

图1-5　Adobe全家桶软件图标

1998年，Adobe公司正式进入中国市场，在北京设置它在中国的第一间办公室。2018年4月，Adobe公司、微软公司和世纪互联在中国大陆市场达成新的合作伙伴关系。Adobe公司和微软公司在世纪互联的支持下将合作伙伴关系进一步拓展至中国大陆。2019年12月，中国电子信息产业发展研究院（CCID）与Adobe公司共同发布了《数字体验经济发展白皮书》，旨在研究中国的数字体验经济。

2022年2月，Adobe公司入选福布斯发布的2022年全球区块链50强榜单；6月15日，Adobe Photoshop是最受欢迎的图像编辑和特殊效果平台之一，其Web网页版免费提供给任何拥有Adobe账户的用户。Adobe发布2023年新版Photoshop Elements和Premiere Elements软件，支持苹果芯片，支持AI等功能；随后Adobe推出了Adobe Firefly Image 2、Adobe Firefly Vector Model和Adobe Firefly Design Model三款AI模型，进一步推广其基于人工智能的图像生成与编辑工具。

1.1.3 Photoshop 2025的安装

下载和安装Photoshop 2025（试用版），打开Adobe公司中国官网，点击右上角的“登录”，登录或创建Adobe账户（图1-6、图1-7）。

图1-6　Adobe官网首页

图1-7　登录或创建Adobe账户

下载并安装Creative Cloud桌面应用程序，点击Photoshop下方的免费试用（图1-8）。

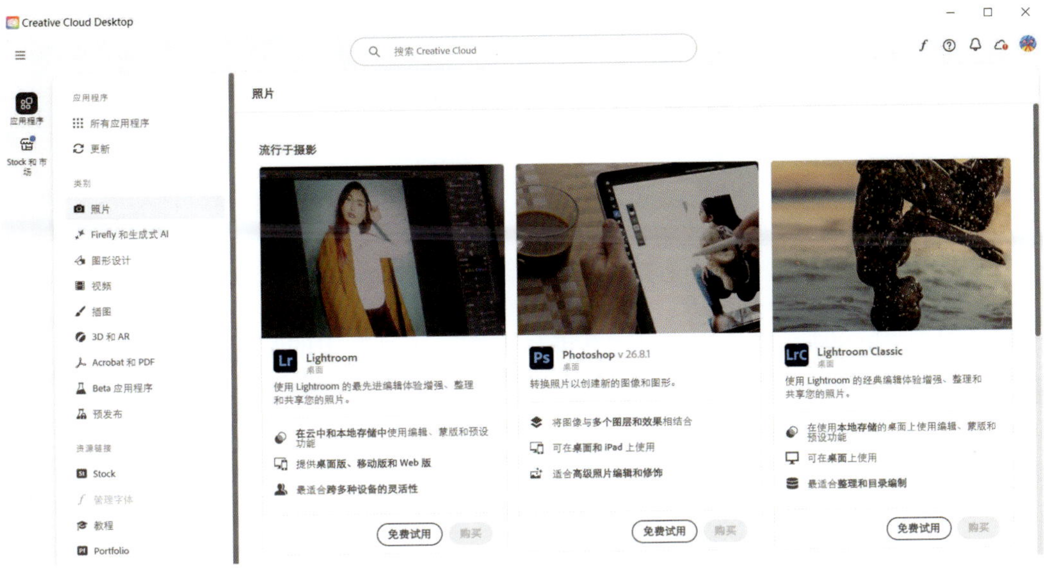

图1-8　在Creative Cloud中下载免费试用Photoshop

提示

Photoshop 2025安装和运行的最低要求，Windows 10 64位系统或mac OS v12；支持64位多核英特尔或AMD处理器；配备DirectX 12的GPU（显存1.5GB）；内存不能低于8GB，推荐16GB或更高。

1.2 Photoshop工作界面

1.2.1 认识工作界面

双击计算机桌面的“PS”图标，打开Photoshop 2025。打开后会进入主页，在主页中可以新建文件、打开文件、打开最近文件、学习教程及搜索资源（图1-9）。

微课视频

在主页打开或新建文件之后，进入软件的工作界面，工作界面由菜单栏、标题栏、工具栏、选项栏、状态栏、文档窗口、“发现”面板（通知、搜索、教程、工作区）、控制面板组成（图1-10）。

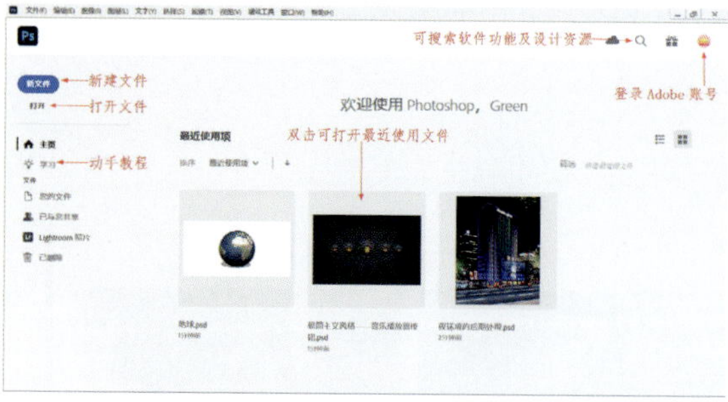

图1-9　Photoshop 2025的主页

图1-10　Photoshop的工作界面

启动Photoshop时，工具栏将显示在屏幕左侧。工具栏中的某些工具会在上下文相关选项栏中提供一些选项。可以展开某些工具以查看它们后面的隐藏工具。工具图标右下角的小三角形表示存在隐藏工具。将指针放在工具上，便可以查看有关该工具的信息。工具的名称将出现在指针下面的工具提示中（图1-11）。

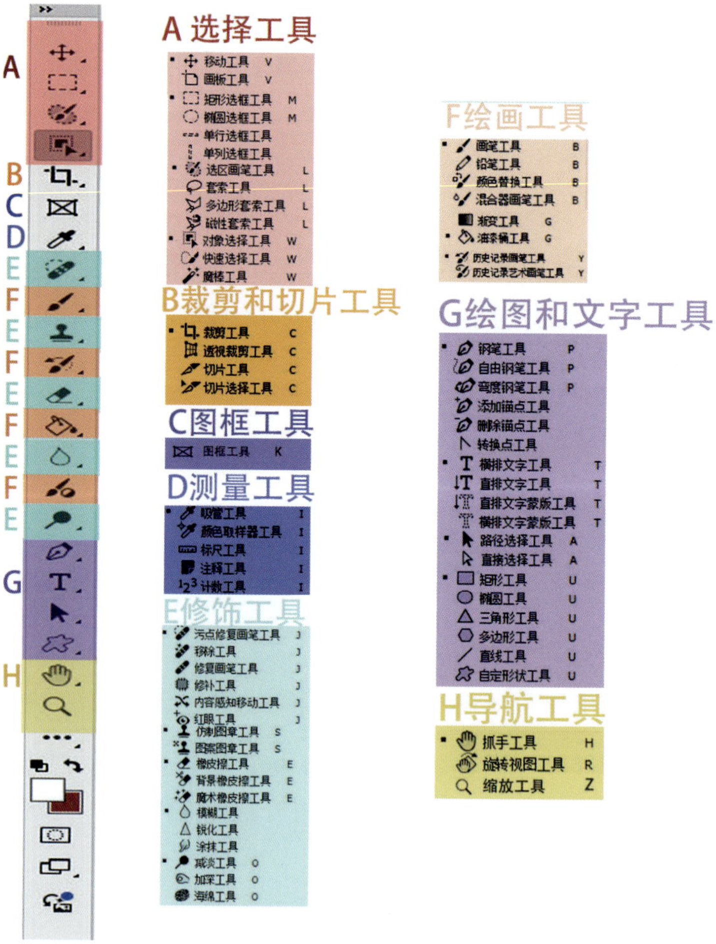

图1-11　Photoshop工具栏概貌

提示

Adobe公司为了照顾Photoshop用户多年养成的视觉习惯，很人性化地设置了可供选择的界面颜色。主界面颜色通常选择黑色：黑色界面使眼睛不易疲劳，操作界面更简洁明亮，更能正确调色。

如需快速降低界面亮度可按“Shift+F1”；要增加亮度可按“Shift+F2”；或者通过“编辑”>“首选项”>“界面”在“外观”选项中有从灰到黑四种选择，设置一种你想要的界面色调。

1.2.2 认识图像处理

在我们正式开启Photoshop设计之旅之前，还要了解一些图像处理的基本知识，如位图图像与矢量图形、像素、分辨率等。

▶ 微课视频 ◀

Photoshop所处理的图像分为位图图像与矢量图形两大类，两者之间各有自己的优缺点，正确认识与对待，有利于实际应用中创建、编辑图像与图形。在认识两者前，须先了解像素的概念。

（1）位图图像

位图图像是Photoshop常用的图像样式，位图的特点是可以表现色彩的变化和颜色的细微过渡，产生逼真的图像效果，并且很容易在不同的Adobe软件间交换使用。但这类图像容量较大，需占用较大的内存空间（图1-12）。

位图图像（栅格图像）使用图片元素的矩形网格（像素）表现图像，每个像素都分配有特定的位置和颜色值。在处理位图图像时，所编辑的是像素，而不是对象或形状，放大之后的位图可以看出是由像素组成（图1-13）。

图1-12 位图图像

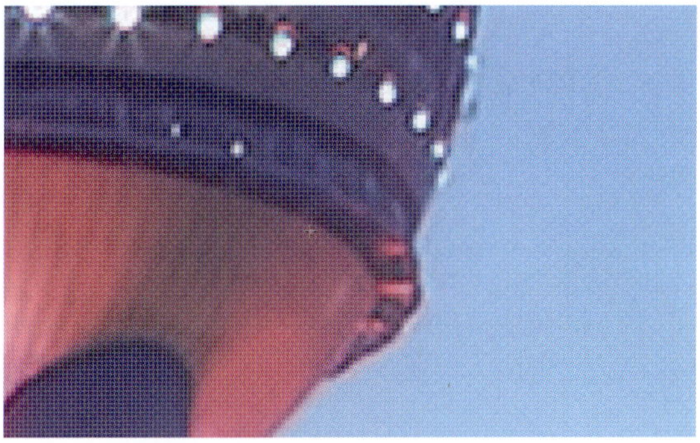

图1-13 由像素组成的位图图像

位图图像是连续色调图像（如照片或数字绘画）最常用的电子媒介，因为它们可以更有效地表现阴影和颜色的细微层次。位图图像与分辨率有关，也就是说它们包含固定数量的像素。因此，如果在屏幕上以高缩放比率对它们进行缩放或以低于创建时的分辨率来打印它们，则将丢失其中的细节，并会呈现出锯齿。

（2）矢量图形

矢量图形（矢量形状或矢量对象）是由称作矢量的数学对象定义的直线和曲线构成的，矢量根据图像的几何特征对图像进行描述。可以任意移动或修改矢量图形，而不会丢失细节或影响清晰度，因为矢量图形与分辨率无关，可以将矢量图形缩放到任意尺寸，可以按任意分辨率打印，不会丢失细节或降低清晰度，位图图像与矢量图形放大后的对比效果如图1-14所示。

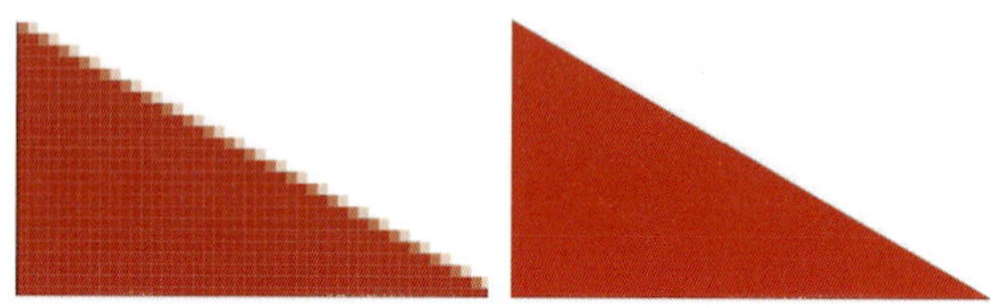

图1-14　位图图像与矢量图形放大后的对比效果

矢量图形的优点是创建的文件小，需占用的内存小，但只能做些简单的图形。因此，对于将在各种输出媒体中按照不同大小使用的图稿（如徽标），矢量图形是最佳选择。

（3）像素

在Photoshop中，像素是组成图像的最基本单元，它是一个个小矩形颜色块。一个图像通常由很多像素组成，这些像素被排列成横行或纵列。当我们以缩放工具把图像放大到一定比例时，就可以看到类似马赛克的效果。每个像素都有不同的颜色值，图像单位长度的像素数越多，品质就越好，图像就越清晰。

（4）分辨率

图像的分辨率，指的是位图图像的清晰程度，单位是ppi（每英寸所拥有的像素数目）。分辨率的高低与图像的大小之间有着密切的关系，分辨率越高，所包含的像素越多，图像的信息量也越大，因此文件也就越大。此外，图像的清晰程度也与像素的总数有关，像素数目和分辨率共同决定了打印时图像的大小。

$$图像的分辨率=像素数\div图像尺寸$$

例如：一幅1500像素×900像素的图像，分辨率为300ppi，则打印尺寸就是5英寸×3英寸。图像的分辨率越高，输出效果就越清晰，处理中的图像应保持尽可能高的像素数和色彩数。

1.3 Photoshop基本操作

1.3.1 操作实战1：新建、打开、存储文件

本部分主要围绕Photoshop文件的基础管理操作展开，包括新建文档、打开已有文件、存储文件以及导出文件等操作。通过这些操作，旨在让使用者熟练掌握创建、访问、保存和多格式输出Photoshop文件的方法，从而能够独立完成从文件初始化到最终输出的全流程管理，为后续的图像处理工作奠定基础。

（1）新建文档

▶ 微课视频 ◀

点击主页上的“新文件”按钮，或者在窗口中选择“文件”>“新建”命令（快捷键Ctrl+N）。Photoshop为了方便用户设置文件尺寸、分辨率和颜色模式等，在新建文档窗口上方预设了选项卡，选择好预设分类后单击“创建”按钮即可（图1-15）。

若是按照自己所需的尺寸、分辨率和颜色模式创建文档，可以在右侧的选项中进行参数设置。单击可以在文本框中输入名称，单击“保存预设”可以将参数保存至选项卡中（图1-16）。

图1-15　新建文档窗口

图1-16　自定义参设设置

- 未标题-1：可输入文件名。创建文件后，文件名会在文档窗口的标题栏中显示；保存文件时，会自动显示在存储文件的对话框内。
- 宽度/高度：即文件的宽度和高度。在右侧的选项中可以选择宽高的单位。其中“像素”“英寸”“厘米”“毫米”较为常用。

• 方向：单击或者按钮，可以将文档的页面方向设置为纵向或横向。

• 画板：勾选后在文档中创建画板。

• 分辨率：可输入文件的分辨率，以设定图像细节的丰富程度。在右侧的选项中可以选择分辨率的单位，包括“像素/英寸”（最常用）和“像素/厘米”。

• 颜色模式：可以选择文件的颜色模式（RGB、CMYK、LAB和多通道）和位深（8Bit、16Bit、32Bit），以定义颜色的丰富程度。

• 背景内容：可以为“背景”图层选择颜色（白色、黑色、背景色、透明、自定义），白色为默认的背景色，如果想创建透明背景，可以选择“透明”选项。

• 高级选项：单击>按钮，可以显示两个隐藏的选项，其中“颜色配置文件”选项可以为文件指定颜色配置文件；“像素长宽比”选项可以指定一帧中单个像素的宽度与高度的比例。对于“像素长宽比”，除非用于视频的图像，否则都应选择“方形像素”，对于视频图像，根据画面长宽比选择合适参数。

完成设置后，可以单击“存储预设”，将这些设置存储为预设，或单击“确定”以打开新文件。

（2）打开文件

如果想在Photoshop中编辑位图图像、矢量图形、PDF文件、GIF动画和视频，可以在Photoshop的窗口内双击，或执行“文件”>“打开”命令（快捷键为Ctrl+O），在“打开”对话框中找到文件所在的文件夹，之后双击文件将其打开。如果想同时打开多个文件，可以按住鼠标左键拖拽框选择多个文档，也可以按住Ctrl键单击多个文档，再单击“打开”按钮或按Enter键（图1-17）。

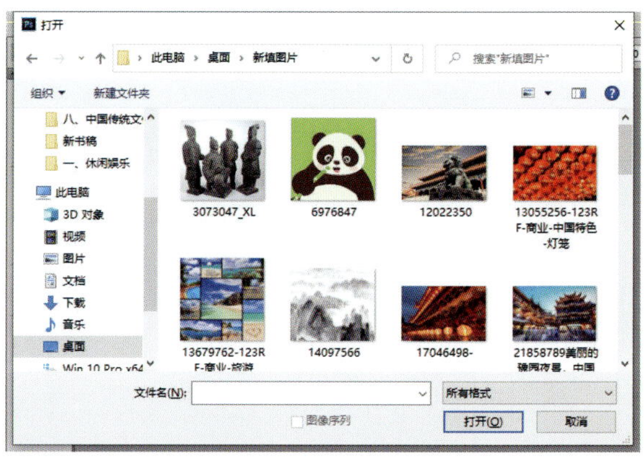

图1-17　打开文档窗口

如果要打开扩展名与实际格式不匹配的文件，或者没有扩展名的文件，可以执行“文件”>“打开为”菜单命令。选择“打开为”命令，选择文件并在“打开为”列表中为它指定正确的格式。如果文件不能打开，则选取的格式可能与文件的实际格式不匹配，或者文件已经损坏（图1-18）。

图1-18　“打开为”文档窗口

执行“文件”>“置入链接的智能对象”菜单命令，在弹出的窗口中选择素材图片（图1-19）。素材会以“链接”的形式置入当前文件中。以“链接”形式置入的素材并不是真正存在Photoshop文档中，仅仅是通过链接在Photoshop中显示。原始图片经过修改后，在Photoshop中的该素材效果也会发生变化（图1-19）。如果链接的文件储存位置移动，或者更改名称，Photoshop文档则可能出现素材丢失的问题。所以移动文件位置时要注意链接的素材图像也需要一起移动。

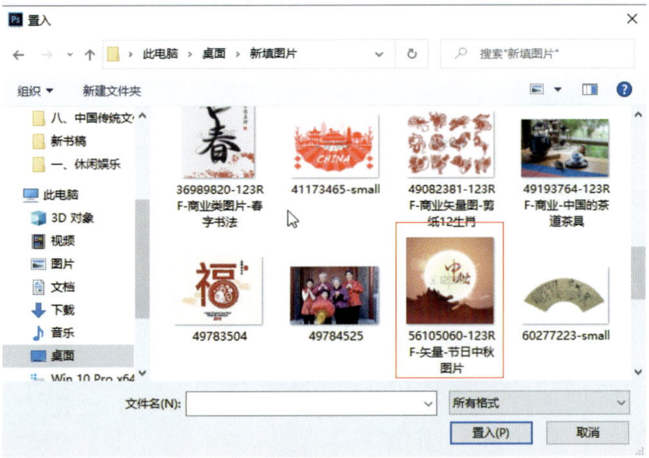

图1-19　置入链接的智能对象

（3）存储文件

对一个文档进行了编辑，一般需要将当前操作保存到当前文档中，这时可以在菜单栏选择执行“文件”>“存储”命令（快捷键Ctrl+S）。如果文档储存时没有弹出任何窗口，说明该文件没有发生改变，则会以原始位置进行存储。存储时会保留所做的更改，并且会替换掉上一次保存的文件。

> **提示**
>
> 如果选择的格式不支持文档的所有功能，会在对话框底部显示一个警告。如果看到了此警告，最好以Photoshop（PSD）格式或以支持所有图像数据的另一种格式存储文件的副本。

当然想要更换已经储存过的文档的位置、名称或者格式，也可以执行“文件”>“存储为”菜单命令（快捷键“Shift+Ctrl+S”）打开“另存为”窗口，在这里进行储存位置、文件名、保存类型的设置，设置完毕后单击“保存”按钮（图1-20）。

“另存为”对话框选项如下：

• 文件名/保存类型：可输入文件名，选择文件格式。

• 存储副本：单击该按钮，弹出“存储副本”对话框，可另存一个文件副本。

• 注释/Alpha通道/专色/图层：存储副本时，可以选择是否存储图像中的注释信息、Alpha通道、专色和图层。

• 使用校样设置：存储副本时，将文件的保存格式设置为EPS或PDF，该选项可用，它可保存打印用的校样设置。

• ICC配置文件：保存嵌入在文档中的ICC配置文件。

• 缩览图：为图像创建缩览图。以后在“打开”对话框中选择这一图像时，对话框底部会显示其缩览图。

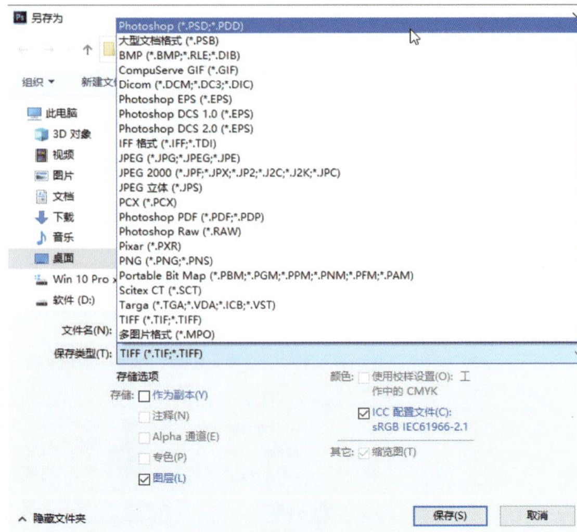

图1-20 “另存为”窗口面板

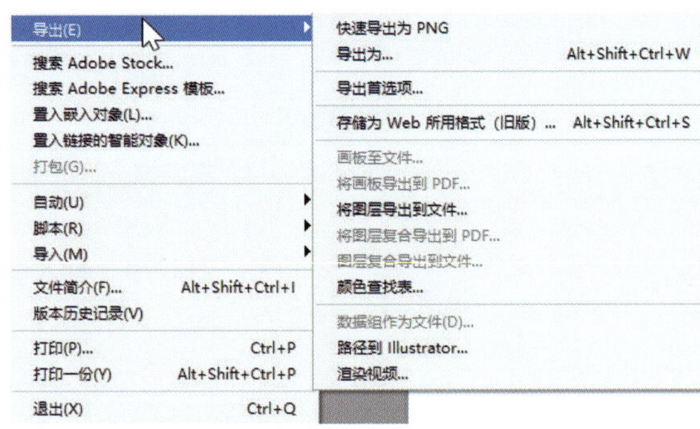

图1-21 “导出”窗口面板

（4）导出文件

在菜单栏选择“文件”>“导出”，可以执行快速导出PNG、导出为、导出首选项、存储为Web所用格式（旧版）等命令（图1-21）。

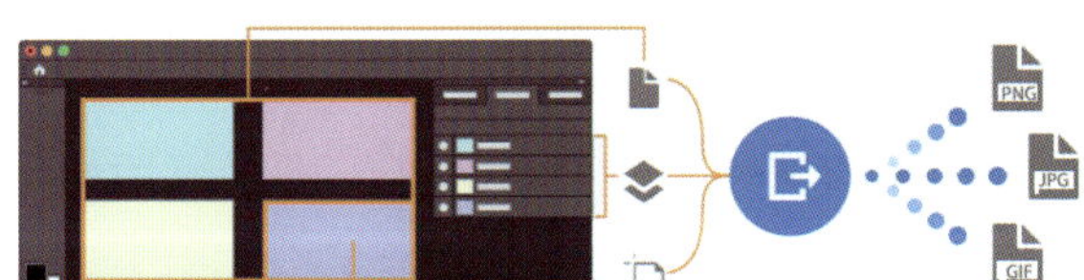

图1-22 “导出为”文件示意图

快速导出为和导出为选项，以PNG、JPG和GIF文件格式导出Photoshop文档、画板、图层和图层组（图1-22）。选择菜单栏“文件”>“导出”>“导出为”，图像格式可以是PNG、JPG或GIF。在“图层”面板中选择要导出的图层、图层组或画板，右键单击选择，然后从上下文菜单中选取快速导出为所需图像格式。

提示

在“导出为”对话框的左侧窗格中，可以设置文件资源大小（1.25x）和文件后缀（@1.25x），单击“+”图标可为导出的资源添加更多大小和后缀。

“导出首选项”，默认情况下，快速导出文件的格式为PNG，并且每次都会提示选择导出位置（图1-23）。

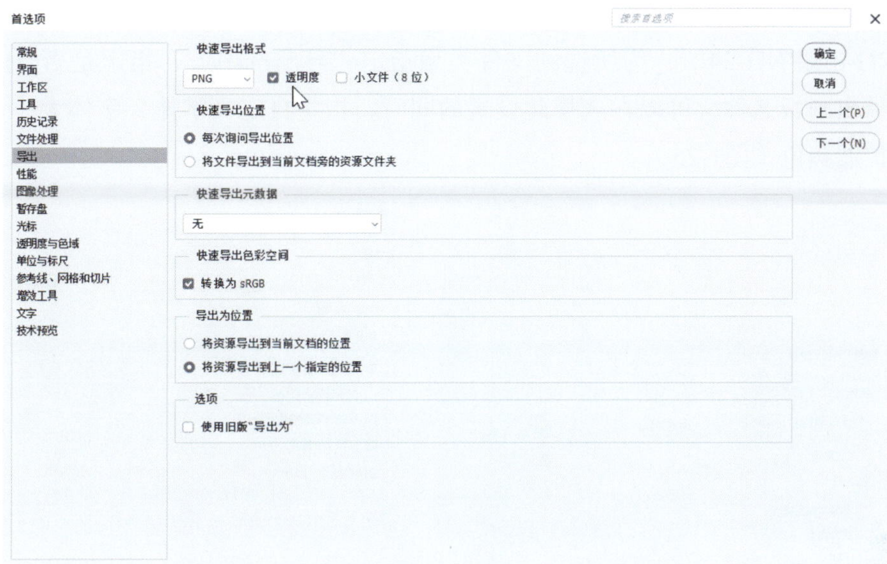

图1-23　在Photoshop中设置“导出首选项”

要更改快速导出设置，可以在首选项对话框中指定以下选项：

• 快速导出格式：选择要导出的图像文件格式（PNG、JPG和GIF）。可以进一步设置特定于格式的参数，对于PNG，可以指定是要导出透明度还是小文件（8位），对于JPG，可以设置导出品质。

• 快速导出位置：选择“每次询问导出位置”或“将文件导出到当前文档旁的资源文件夹”。后者会将图像放在名为Assets的子文件夹中，该子文件夹位于包含Photoshop源文档的文件夹中。

• 快速导出元数据：使用此选项可在导出的资源中包含元数据、版权和联系信息。且始终包括物理分辨率（如DPI或PPI）。

• 快速导出色彩空间：选择是否要将资源转换为sRGB色彩空间。

• 使用旧版导出为：旧版的可以将文档导出为SVG。

将图层导出为文件，在“将图层导出到文件”面板中，单击“浏览”为导出的文件选择一个目标文件夹。默认情况下，生成的文件存储在与源文件相同的文件夹中。

在“文件名前缀”文本框中输入一个名称，为各文件指定一个通用名称。

如果只想导出在“图层”面板中的可见图层，可将选项进行勾选。如果不想导出所有图层，可将不想导出的图层进行隐藏。

从“文件类型”菜单中选择一种文件格式，根据需要设置选项。

如果要在导出的文件中嵌入工作区配置文件，选择包含ICC配置文件选项（图1-24）。

在“画板至文件”对话框中，可以设置文件存储到的“目标”，指定“文件名前缀”。还可以设置导出画板内容：“包括重叠区域”“仅限画板内容”“导出选定的画板”“在导出中包括背景”。也可以进行“文件类型”的设置（BMP、JPEG、PDF、PSD、Targa、TIFF、PNG-8或PNG-24），为所选的文件类型指定“导出选项”，指定是否要随导出的画板一起导出画板名称，可以在选择此设置的同时，指定自定义字体、字体大小、字体颜色和画布扩展颜色（图1-25）。

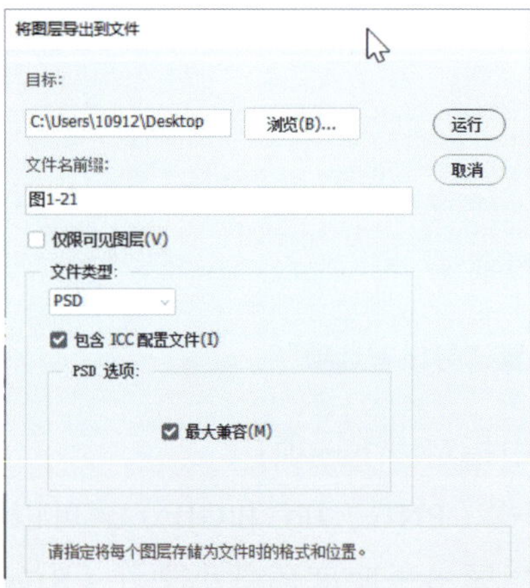

图1-24 “将图层导出到文件”面板设置

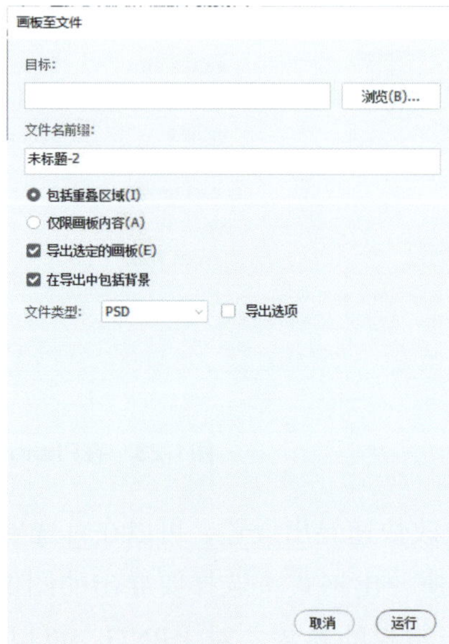

图1-25 “画板至文件”面板设置

“将画板导出为PDF”可以将画板导出为PDF文档，可以进行以下参数设置：选择将要生成的PDF文档存储的“目标”（位置）；为生成的PDF文档指定“文件名前缀”；指定是要为当前文档中的所有画板生成单个PDF文档，还是要为每个画板生成一个PDF文档（如果选择生成多个PDF文档，则所有这些文档都将使用之前指定的文件名前缀）；为导出的PDF文档指定编码方式，ZIP或JPEG；“包含画板名称”，可以在选择此设置的同时，指定自定义字体、字体大小、字体颜色和画布扩展颜色。

1.3.2 操作实战2：熟悉“历史记录”面板

本案例将通过为图像“添加渐变调整图层”这一具体操作，引导使用者熟悉“历史记录”面板的功能，以便使用者了解“历史记录”面板记录操作状态的机制，掌握利用该面板跳转至图像任意最近状态、恢复图像初始效果等操作，学会在编辑过程中灵活运用该面板进行操作的撤销与恢复，进而提高编辑效率，避免因操作失误造成不必要的损失。

本案例素材位置：出版社官网/搜本书名/资源下载/案例素材/第1章/操作实战2 熟悉“历史记录”面板。

选中某一历史状态时，图像会还原至首次应用该更改后的视觉状态。基于该状态，既可以继续开展后续编辑操作，也可通过面板对不需要的图像状态进行删除。此外，还能依托面板中的任意历史状态或快照，新建独立的文档文件。

① 在菜单栏选择“文件”>“打开”（Ctrl+O）打开素材文件，在软件右侧的“控制面板”中单击“渐变”按钮，在弹出的对话框中选择“旧版渐变”（图1-26）。

② 单击“调整”按钮，选择创建“渐变映射”（图1-27）。

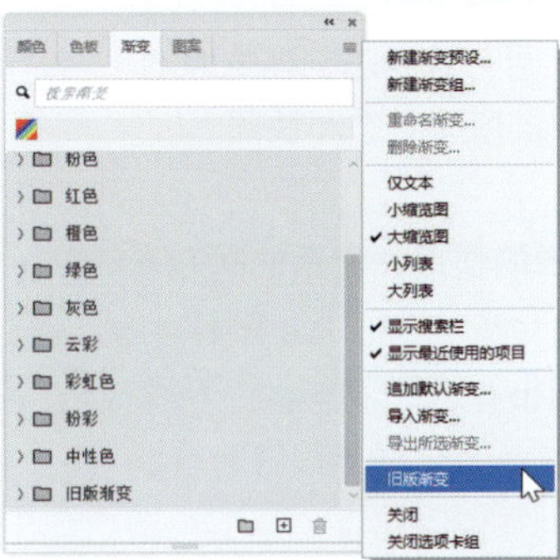

图1-26 增加“旧版渐变”设置

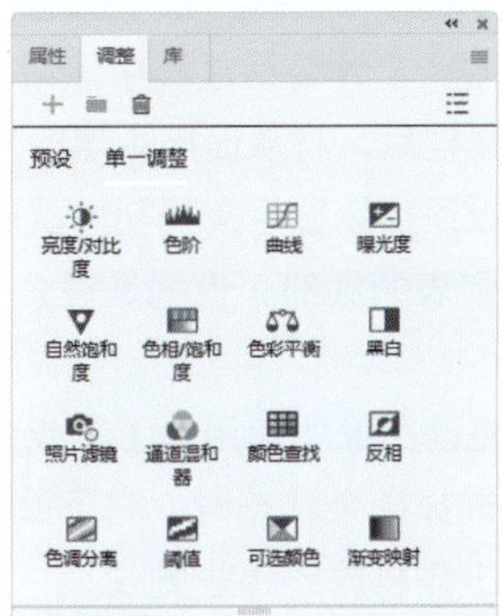

图1-27 “调整”面板中选择“渐变映射”

▶ 微课视频 ◀

③ 单击渐变编辑条，在渐变编辑器中选择“旧版渐变>色谱”（图1-28）。如图1-29所示，图像呈现出热成像效果。

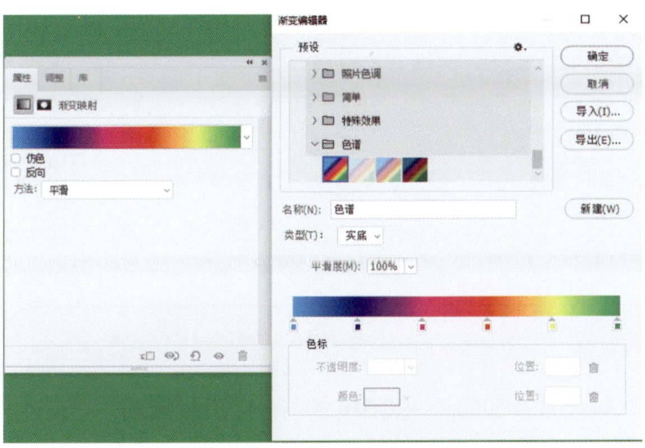

图1-28 “调整”面板的渐变设置

图1-29 热成像效果

④ 如果要撤销操作，单击“历史记录”按钮，并单击“打开”或者图像缩览图，可以将图像恢复到初始效果（图1-30）。

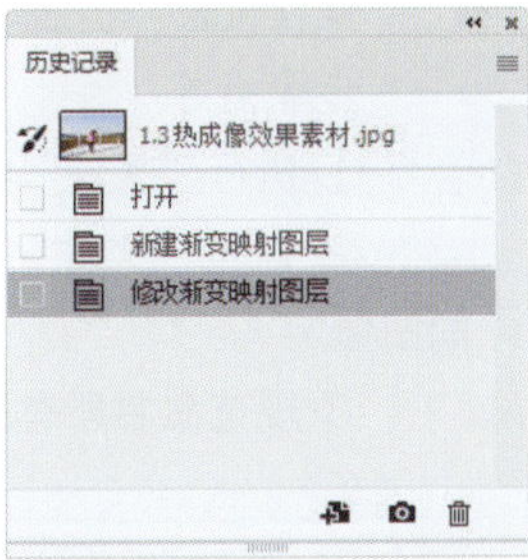

图1-30 “历史记录”面板

技术讲堂：使用“历史记录”面板时的注意事项

• 程序范围内的更改（如对面板、颜色设置、动作和首选项的更改）不是对某个特定图像的更改，因此不会反映在“历史记录”面板中。

• 默认情况下，“历史记录”面板将列出最新的20个状态。可以通过选择“首选项”>“性能”来更改记录的状态数。较早的状态会被自动删除，以便为Photoshop释放出更多的内存。如果要在整个工作会话过程中保留某个特定的状态，可为该状态创建快照。

• 关闭并重新打开文档后，将从面板中清除上一个工作会话中的所有状态和快照。

• 默认情况下，面板顶部会显示文档初始状态的快照。

• 状态将被添加到列表的底部。也就是说，最早的状态在列表的顶部，最新的状态在列表的底部。

• 每个状态都会与更改图像所使用的工具或命令的名称一起列出。

• 默认情况下，当选择某个状态时，它下面的各个状态将呈灰色。这样，很容易就能看出从选定的状态继续工作将放弃哪些更改。

• 默认情况下，选择一个状态然后更改图像将会消除后面的所有状态。如果选择一个状态，然后更改图像，致使以后的状态被消除，可使用“还原”命令来还原上一步更改并恢复被消除的状态。

• 默认情况下，删除一个状态将删除该状态及其后面的状态。如果选取了“允许非线性历史记录”选项，那么，删除一个状态的操作将只删除该状态。

拓展训练

拓展主题：文档管理与格式导出。

训练要求：下载素材，新建指定参数文档（A4尺寸、300ppi、RGB模式），完成编辑后以PSD格式保存源文件，分别导出PNG（透明背景）、JPG（品质80）及GIF格式，验证不同格式特性与适用场景。

素材位置：出版社官网/搜本书名/资源下载/案例素材/第1章/拓展训练 文档管理。

步骤指导：

① 执行“文件”>“导出”>“快速导出为PNG”，选择导出路径并设置文明名称。

② 执行“文件”>“导出”>“导出为”，选择JPG格式，设置品质为8，导出适配社交媒体的图像。

③ 规范命名所有图层名称，并存储为PSD文件，完成文档管理全流程。

第2章 图层深度解析

知识目标 ● 理解Photoshop图层的核心概念，熟悉“图层”面板的基本结构及功能；掌握图层创建、编辑、隐藏/显示、分组、标记及混合模式（如滤色、正片叠底）的操作方法；了解图层蒙版、调整图层（色阶、曲线、颜色查找）的原理及应用场景；区分RGB与CMYK颜色模式的混合原理及实际应用差异。

能力目标 ● 能独立完成图层的基本操作（新建、移动、锁定、删除）及复杂管理（分组、标记颜色、过滤）。能运用图层蒙版和调整图层制作剪影拼贴画、老照片特效等综合案例。能根据设计需求灵活选择混合模式（如滤色模拟光效、正片叠底模拟印刷效果）。能通过图层选区载入与蒙版结合，实现精准图像合成与局部调整。

素质目标 ● 培养规范化图层管理习惯，提升复杂项目中的逻辑性与效率；强化色彩理论与混合模式的实践结合能力，增强艺术表现力；树立细节意识，通过蒙版与调整图层实现非破坏性编辑，减少重复性劳动；培养团队协作能力，通过图层分组与标记优化多人协作流程。

重点难点 ● 重点：图层的创建、分组与管理技巧。

难点：图层蒙版与调整图层的组合使用。

思维导图 ●

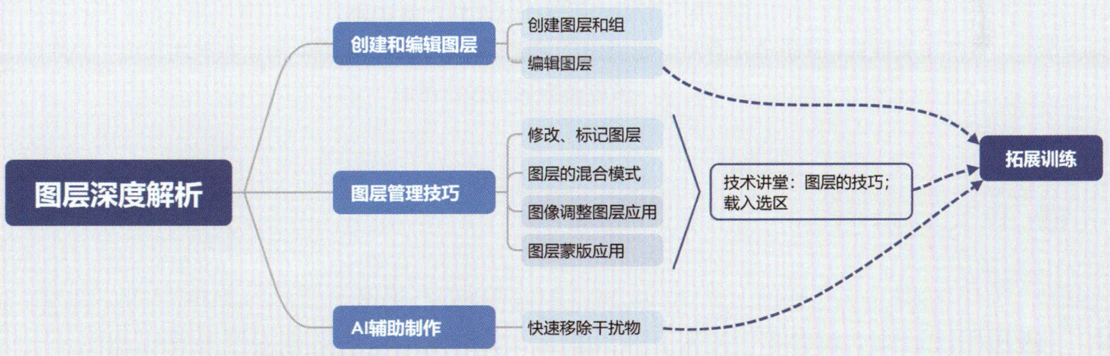

2.1 创建和编辑图层

图层是每张图像的构成要素，每个Photoshop文件都至少有一个图层。查看“图层”面板可以了解这个文件的图层数量。

Photoshop图层就如同堆叠在一起的透明纸，可以透过图层的透明区域看到下面的图层，也可以更改图层的不透明度使内容部分透明。图层可以执行多项任务，如复合多个图像、向图像添加文本或添加矢量图形形状，还可以为特效（如投影、发光或锐化对象）添加图层样式。

2.1.1 创建图层和组

（1）创建新图层或组

① 使用默认选项创建新图层或组，单击“图层”面板中的“创建新图层”按钮或“新建组”按钮。也可以从菜单栏选择“图层”>“新建”>“图层”或选择“图层”>“新建”>“组”。

在“图层”面板下方，可以通过按钮“创建新组”“创建新图层”“删除图层”来管理图层，还可以执行各种复杂的任务命令，例如“添加图层样式”“添加图层蒙版”等（图2-1）。

“图层”面板底部按钮从左到右依次为

链接图层、添加图层样式、添加图层蒙版、创建新的填充或调整图层、创建新组、创建新图层、删除图层

图2-1　图层面板底部按钮用途

> **提示**
>
> 按住Alt键（Windows）或Option键（Mac OS）并单击“图层”面板中的“创建新图层”按钮或“新建组”按钮，可以显示“新建图层”对话框并设置图层选项。
>
> 按住Ctrl键（Windows）或Command键（Mac OS）并单击“图层”面板中的“创建新图层”按钮或“新建组”按钮，可以在当前选中的图层下添加一个图层。

② 在“图层”面板中单击鼠标右键选择“新建图层”或“新建组”。

（2）从现有文件创建图层

将文件图标拖动到Photoshop中打开的图像上，默认情况下会创建智能对象图层。要从拖动的文件创建标准图层，需要从菜单栏选择“编辑”>“首选项”>“常规”中的“在置入时始终创建智能对象”，将前面的勾选去掉（图2-2）。

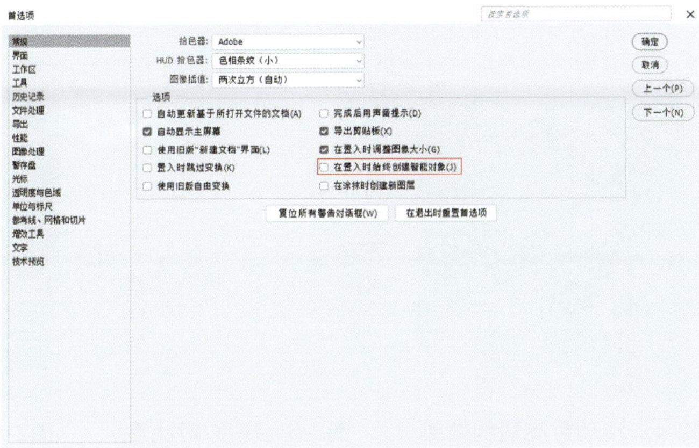

图2-2　“首选项”面板中的参数设置

如果置入的文件是多个图层的图像，则新图层上会出现拼合的版本。

（3）显示/隐藏图层、组或样式

① 通过设置显示或隐藏图层、组或样式，可以隔离或只查看图像的特定部分，以便于编辑图像。在“图层”面板中单击图层、组或图层效果旁的眼睛图标，可以在文档窗口中隐藏其内容；再次单击眼睛图标，可以重新显示内容；要查看或关闭图层样式，单击图层样式效果前的眼睛图标。

② 在菜单栏中选择“图层”命令下的“显示图层”或“隐藏图层”。

2.1.2 操作实战3：编辑图层

本案例对图层进行显示/隐藏设置、调整图层位置、移动图层内容、修改背景亮度以及修复图层中的多余元素等操作，目的是让学习者掌握图层的基本编辑方法，理解图层显示状态和位置对图像整体效果的影响，学会运用基础工具对图层内容进行调整和优化。

本案例素材位置：出版社官网/搜本书名/资源下载/案例素材/第2章/操作实战3 编辑图层。

① 打开“编辑图层”素材，发现“图层”面板中“行星”图层并未显示，单击图层前面的眼睛图标，按鼠标左键将“长颈鹿”图层拖拽到最上层（图2-3）。

▶ 微课视频 ◀

② 在工具栏单击“移动工具” ，单击文档中的“月亮”，移动月亮到长颈鹿头部位置（图2-4）。

③ 选择背景图层后，在菜单栏选择“图像”>“调整”>“亮度/对比度”，将背景亮度降低到－35（图2-5）。

④ 在工具栏单击“污点修复工具”图标 ，将画笔大小增大（快捷键]），单击文档中“小月亮”将其去除（图2-6）。

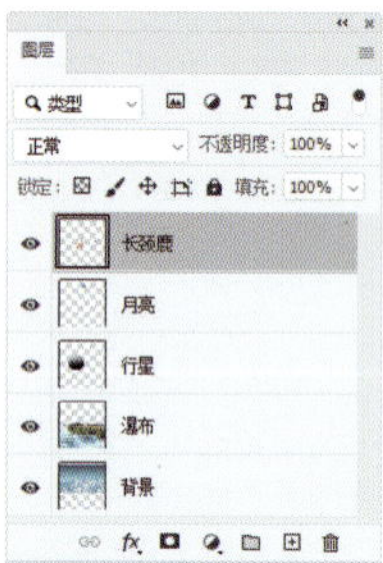

图2-3　显示和移动图层后效果

图2-4　移动月亮后的效果

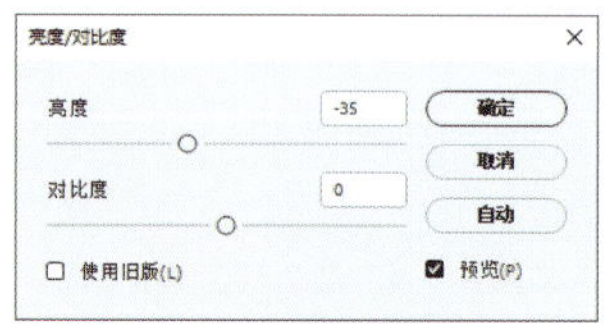

图2-5　亮度/对比度参数设置

图2-6　编辑图层后的效果

2.2 图层管理技巧

在图层组中通过对图层标记颜色，可以帮助组织和管理图层，可以使用组来按逻辑顺序排列图层，并减少“图层”面板中的杂乱情况。可以将组嵌套在其他组内，还可以使用组将属性和蒙版同时应用到多个图层。

2.2.1 操作实战4：修改、标记图层

本案例围绕图层的组织管理展开，包括创建图层组来整理图层，为图层标记颜色，以及使用过滤功能查找图层等操作，目的是使学习者掌握图层的管理技巧，培养规范化的图层管理习惯，提高在复杂项目中对图层的管理效率，理解合理组织图层对多人协作流程的优化作用。

本案例素材位置：出版社官网/搜本书名/资源下载/案例素材/第2章/操作实战4 修改、标记图层。

① 创建一个新的文档会附带一个图层，默认图层名称为“背景”。如果制作复杂的图像，可以使用“图层”面板底部的“创建新组”来组织和管理图层，比如用组来按逻辑顺序排列图层，减少“图层”面板中的杂乱情况。选中单个图层单击鼠标右键可以标记图层颜色（图2-7）。

▶ 微课视频 ◀

② 在图像缩览图处单击鼠标右键，弹出的菜单中可以调整缩览图大小，以及为图层文件标记颜色，方便查看和管理（图2-8）。

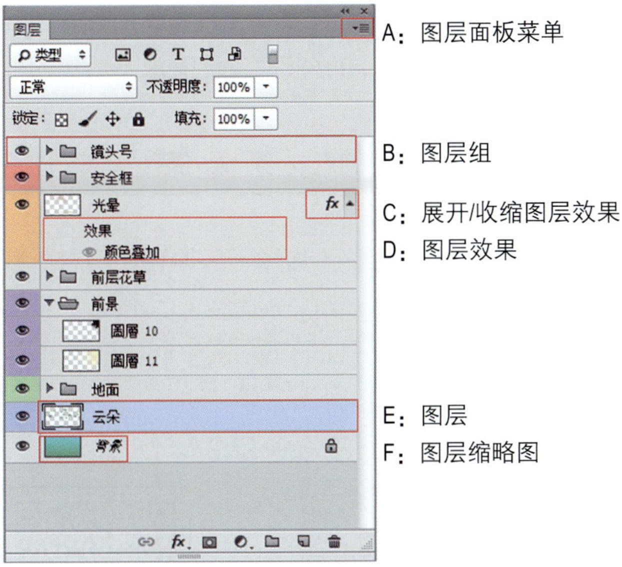

图2-7 “图层”面板概貌

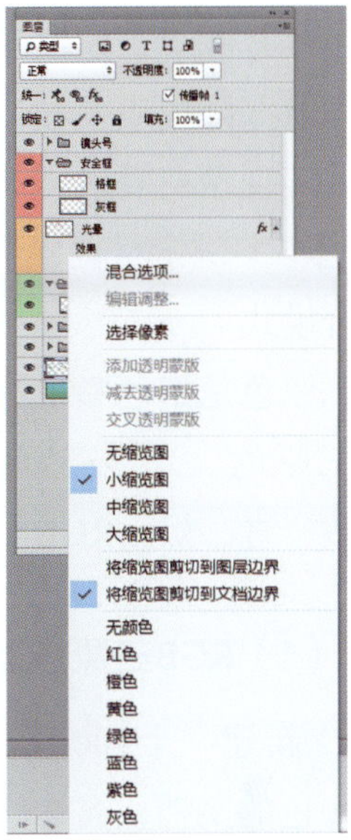

图2-8 缩览图鼠标右键的菜单命令

③ 在“图层”面板的顶部，使用过滤选项可帮助快速地在复杂文档中找到关键图层。可以基于名称、种类、效果、模式、属性或颜色标签显示图层的子集，也可以通过图标按钮对像素图层、调整图层、文字图层、形状图层、智能对象图像进行过滤，最右侧按钮为图层过滤开关。

④ 锁定图层按钮可以完全或部分锁定图层以保护其内容，图层锁定后，图层名称的右边会出现一个锁状图标。当图层被完全锁定时，锁状图标是实心的；当图层被部分锁定时，锁状图标是空心的。

⑤ 锁定透明像素，将编辑范围限制为只针对图层的不透明部分；锁定图像像素，防止使用绘画工具修改图层的像素；锁定位置，防止图层的像素被移动（图2-9）。

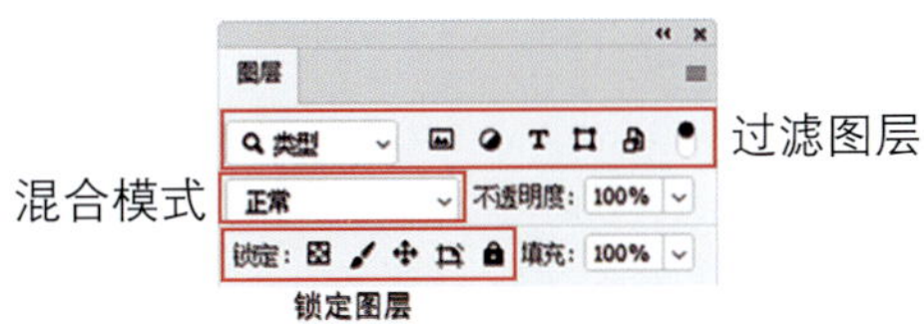

图2-9 “图层”面板顶部按钮用途

技术讲堂：图层的技巧

对于文字和形状图层，“锁定透明度”和“锁定图像”选项在默认情况下处于选中状态，而且不能取消选择。不透明度和填充的区别在于作用影响范围不同，不透明度可影响图层样式，填充不影响图层样式的效果。

2.2.2 操作实战5：图层的混合模式

本案例分别在RGB和CMYK颜色模式下，通过创建纯色图层并应用特定混合模式（滤色、正片叠底），模拟光效和印刷效果，目的是让学习者理解RGB与CMYK颜色模式的混合原理及实际应用差异，掌握混合模式的选择和应用方法，能够根据设计需求灵活运用混合模式实现预期效果。

本案例素材位置：出版社官网/搜本书名/资源下载/案例素材/第2章/操作实战5 图层的混合模式。

三原色是指色彩中不能再分解的三种基本颜色，包括光学（加法）三原色、颜料（减法）三原色。光学三原色（RGB)：红、绿、蓝（靛蓝）；颜料三原色（CMYK）：品红、黄、青、黑。RGB与CMYK都属于Photoshop的颜色模式。

（1）RGB三原色混合原理

① 新建一个1000像素×1000像素，分辨率为200ppi，颜色模式为RGB颜色的文档，名称修改为“RGB混合原理”（图2-10）。

② 创建新的图层，选择“椭圆选框工具”并同时按下Shift键绘制正圆，选择“油漆桶工具”后双击“拾色器”，在弹出的“拾色器”面板中将颜色设置为红色RGB（255、0、0），单击确定（图2-11）。

微课视频

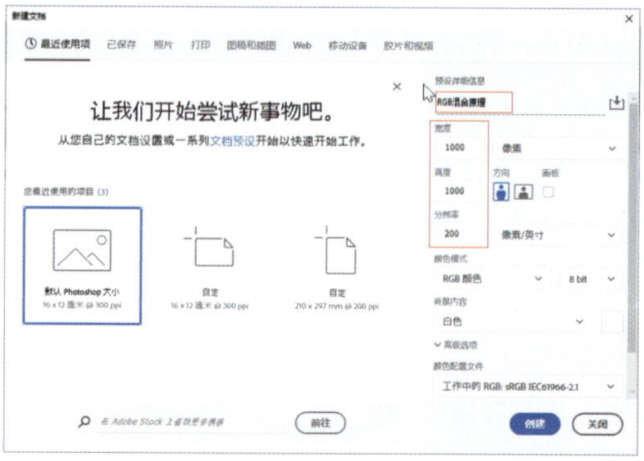

图2-10 “新建文档”面板设置

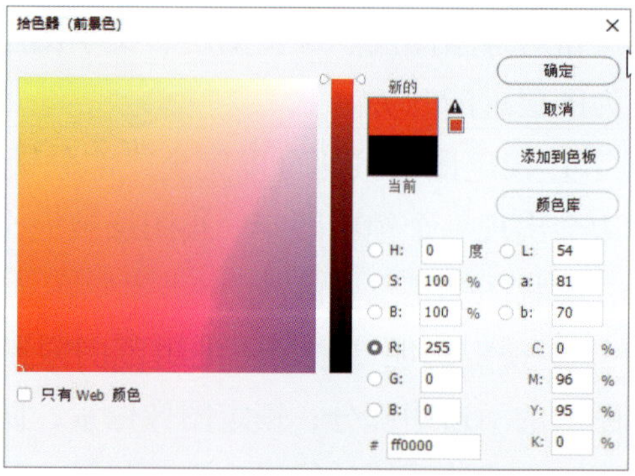

图2-11 “拾色器”面板设置

③ 再次新建两个图层，分别填充绿色（RGB为0、255、0）、蓝色（RGB为0、0、255），选择“移动工具”调整三种颜色的位置（图2-12）。

④ 将背景图层填充为黑色或者关闭（删除），将图层1、图层2、图层3混合模式改为滤色（图2-13）。

⑤ 混合选项的滤色模式原理是将混合色的互补色与基色进行正片叠底，呈现结果是较亮的颜色。如果用黑色过滤时颜色保持不变，用白色过滤将产生白色，效果类似于多个摄影幻灯片在彼此之上投影。如图2-14所示，用滤色模式模仿RGB三色光混合减色效果。

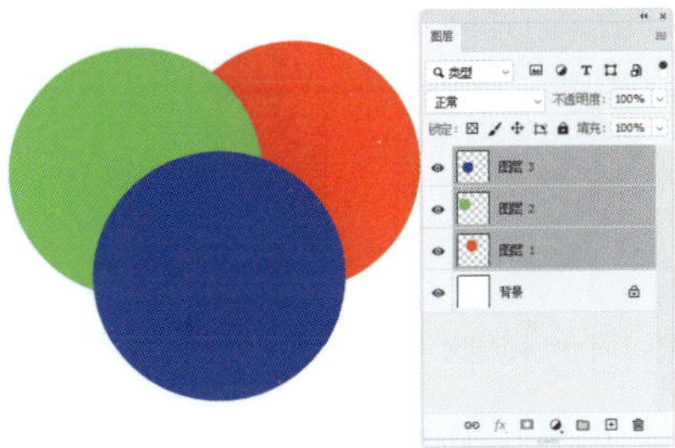

图2-12　创建RGB三个图层

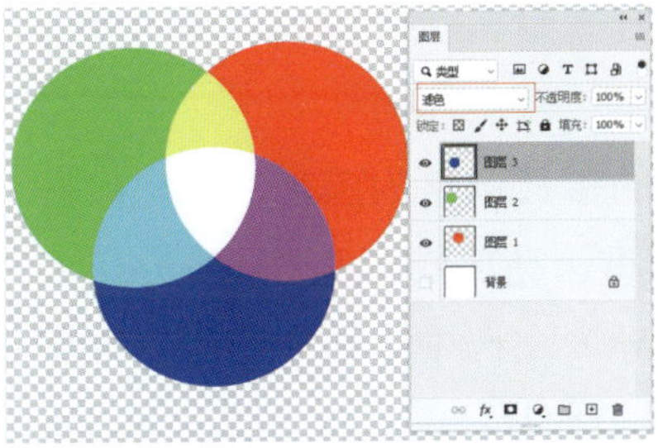

图2-13　更改混合模式后的效果

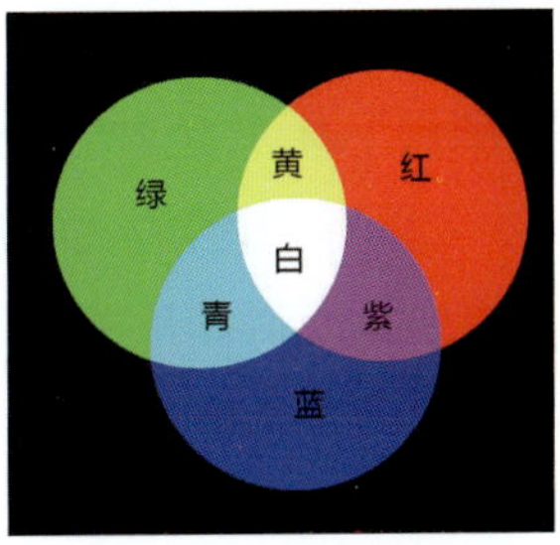

图2-14　RGB三色光混合原理效果

（2）CMYK三原色混合原理

① 新建一个1000像素×1000像素，分辨率为200ppi，颜色模式为CMYK颜色，名称修改为“CMYK混合原理”（图2-15）。

微课视频

② 创建三个新的图层，选择“椭圆选框工具”并同时按下Shift键绘制正圆，分别填充为天蓝（CMYK为100、0、0、0）、品红（CMYK为0、100、0、0）、黄色（CMYK为0、0、100、0），调整图层位置（图2-16）。

③ 将图层1、图层2、图层3混合模式改为正片叠底，CMYK为印刷模式，利用的是色料（颜料）三原色的减色法原理。正片叠底是将基色与混合色进行正片叠底，结果色总是较暗的颜色。任何颜色与黑色正片叠底产生黑色。任何颜色与白色进行正片叠底后颜色保持不变（图2-17）。

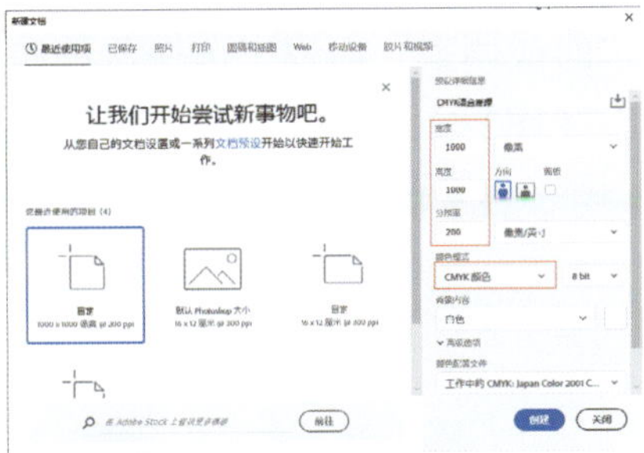

图2-15　“新建文档”面板设置

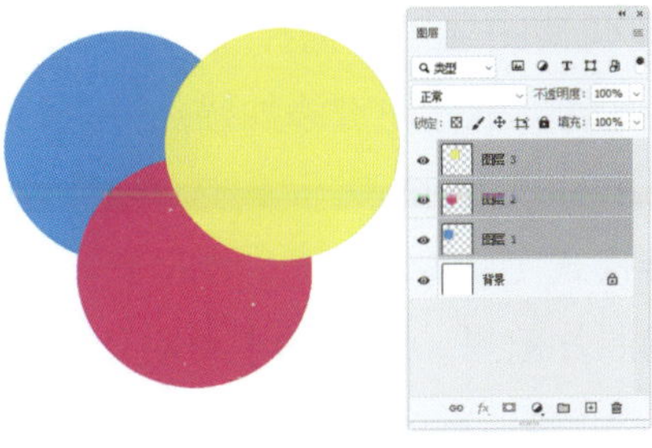

图2-16　创建CMYK三个图层

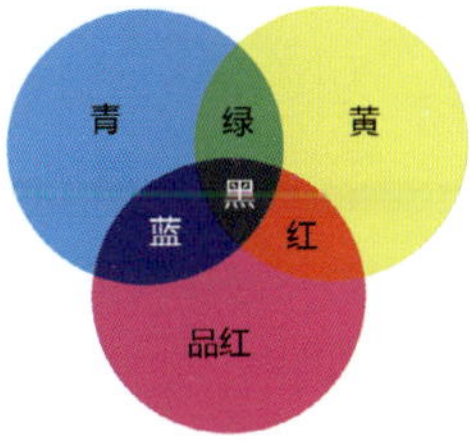

图2-17　CMYK三原色混合原理效果

2.2.3 操作实战6：图像调整图层应用

本案例通过添加色阶、曲线、颜色查找等调整图层，并结合图层混合模式，将普通照片制作成老照片特效，目的是让学习者熟悉调整图层的原理及应用场景，掌握运用调整图层进行图像色彩和色调调整的方法，理解非破坏性编辑的优势。

本案例素材位置：出版社官网/搜本书名/资源下载/案例素材/第2章/操作实战6 图像调整图层应用。

① 在软件中打开照片素材，在“图层”面板中点击“新建图像调整图层”并选择“色阶”（图2-18）。

② 将“色阶”面板的参数调整为黑37、灰1、白230，输出色阶为17/255，使得图片暗部加重，亮部减弱（图2-19）。

③ 将“纸张素材”导入文档中，在“图层”面板中将图层调整至最上面，移动素材正好贴合照片，图层混合模式更改为划分（图2-20）。

微课视频

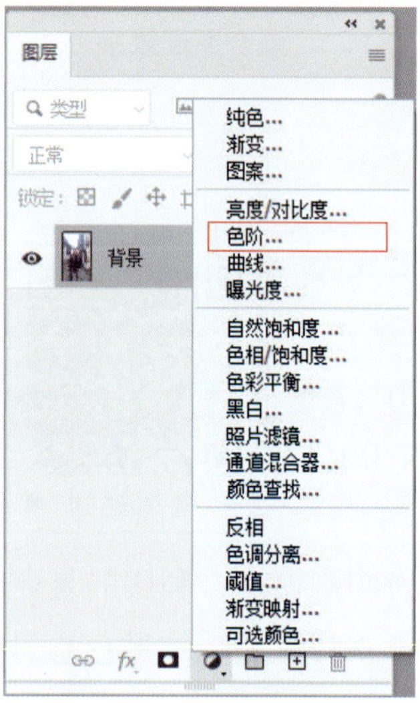

图2-18 “图层”面板添加色阶调整

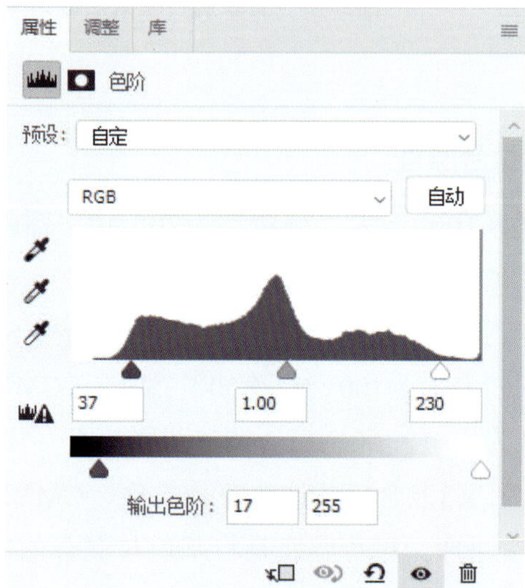

图2-19 图像调整色阶面板设置

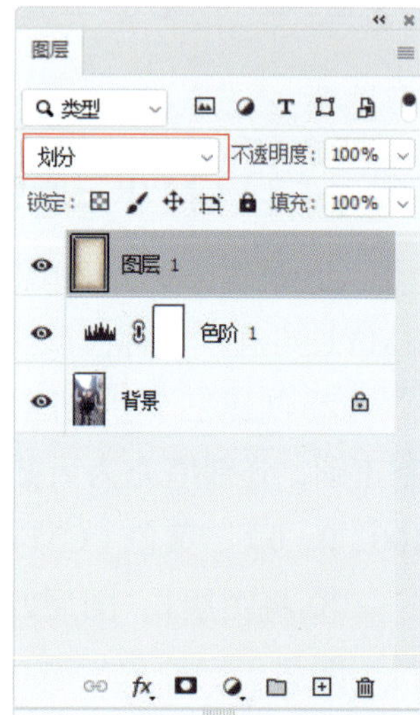

图2-20 导入纸张素材后的设置

④ 再次添加“图像调整图层”，选择“曲线”，在“曲线调整”面板中选择蓝色通道，为图片添加黄色和蓝色，鼠标左键添加锚点并进行调节（图2-21）。

⑤ 再次添加“图像调整图层”，选择颜色查找，在3DLUT文件中选择“FoggyNight.3DL”夜雾模式（图2-22）。

⑥ 制作完成后的老照片效果，与原始素材对比见图2-23。

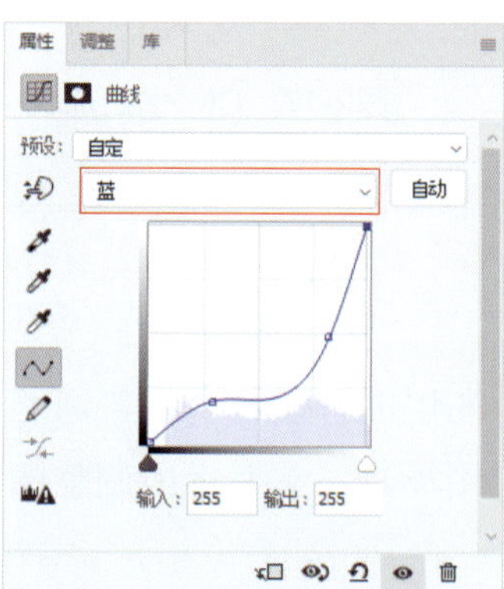

图2-21 “曲线调整图层”面板设置

图2-22 “曲线调整图层”面板设置

图2-23 原图与效果对比

2.2.4 操作实战7：图层蒙版应用

本案例运用图层蒙版制作剪影拼贴画，包括创建选区、应用图层蒙版、调整选区平滑度以及结合调整图层进行颜色填充等操作，目的是让学习者掌握图层蒙版的原理及应用，学会通过图层蒙版与选区结合实现精准的图像合成与局部调整，提升图像合成的艺术表现力。

本案例素材位置：出版社官网/搜本书名/资源下载/案例素材/第2章/操作实战7 图层蒙版应用。

① 在软件中创建1000像素×1000像素，分辨率为200ppi的文档，并且填充红色背景，将“铝箔纸素材”置入文档中，选择“移动工具”调整大小和位置，按下Enter键（图2-24）。

② 在工具栏选择“快速选择工具”，在工具选项栏中单击“选择主体”，或者单击“菜单栏”>“选择”>“主体”（图2-25）。

▶ 微课视频 ◀

图2-24　调整素材后的效果

图2-25　选择主体后效果

③ 在工具选项栏中单击“选择并遮住”，单击“调整边缘画笔工具”，将图像边缘没有清除的颜色进行清除，清除完成后单击屏幕右下角确定（图2-26）。

④ 在“图层”面板中单击“图层蒙版”按钮，创建图层蒙版（图2-27）。

图2-26　清除图像边缘颜色

图2-27　创建图层蒙版

⑤ 在“图层”面板中，按下Ctrl键同时鼠标左键单击“图层蒙版”，调用出刚才的选区，然后选择“菜单栏”>“选择”>“修改”>“平滑”，将采样半径设置为10像素（图2-28）。

⑥ 在“图层”面板中单击“图像调整” 按钮，选择添加纯色并设置为白色，选择“移动工具”挪动当前图层，然后拖动“颜色填充1”图层至“2.2模特素材”图层下方，选择“画笔工具”并设置为黑色，在“图层蒙版”中将不需要的白色剔除（图2-29）。

图2-28 平滑参数设置

图2-29 图像调整示意图

⑦ 单击“2.2模特素材”图层，选择“快速选择工具” ，将模特的躯干部分绘制选区（图2-30）。

⑧ 在“图层”面板中创建“图像调整图层”，并选择纯色，吸取背景颜色的红色，得到最终效果（图2-31）。

图2-30 绘制身体选区

图2-31 参数设置

技术讲堂：载入选区

载入图层或图层蒙版的选区，可以选择图层中的所有非透明区域；如果存在图层蒙版，则可以选择所有未被蒙版遮盖的区域。如果要选择由透明区域围绕或包含透明区域的文本或图像内容，或是在图层上创建排除被蒙版遮盖的区域的选区，选择这些区域将很有用。

可以执行以下操作载入选区：

• 若要只选择未被蒙版遮盖的图层上的非透明区域，按住Ctrl键（Windows）或Command键（Mac OS），并单击“图层”面板中的图层缩览图。

• 若要选择包含图层蒙版的图层上的未被蒙版遮盖的区域，按住Ctrl键（Windows）或Command键（Mac OS），并单击“图层”面板中的图层蒙版缩览图。

如果已存在一个选区，则可以执行下列任一操作：

• 若要向现有选区添加像素，按住Ctrl+Shift组合键（Windows）或Command+Shift组合键（Mac OS），并单击“图层”面板中的图层缩览图或图层蒙版缩览图。

• 若要从现有选区中减去像素，按住Ctrl+Alt组合键（Windows）或Command+Option组合键（Mac OS），并单击“图层”面板中的图层缩览图或图层蒙版缩览图。

• 若要载入像素和现有选区的交集，按住Ctrl+Alt+Shift组合键（Windows）或Command+Option+Shift组合键（Mac OS），并单击“图层”面板中的图层缩览图或图层蒙版缩览图。

2.3 AI辅助制作：快速移除干扰物

本案例使用移除工具对图像中的干扰物（电线、人物）进行快速清除，目的是让学习者了解AI辅助工具在图像编辑中的应用，掌握利用智能工具高效处理图像中多余元素的方法，提高图像编辑的效率。

本案例素材位置：出版社官网/搜本书名/资源下载/案例素材/第2章/快速移除干扰物。

① 打开“快速移除干扰物”素材，点击工具栏“移除工具”，在任务栏中点击“查找干扰”，选择“电线和电缆”（图2-32）。

② 图片中的电线被快速清除了，现在点击“查找干扰”下的“人物”，图片中左下角的人物被智能选中，点击任务栏中的✓或者按下Enter键确认（图2-33）。

▶ 微课视频 ◀

③ 再次点击“查找干扰”下的“人物”，主体人物将被清除，得到一张空旷的场景图（图2-34）。

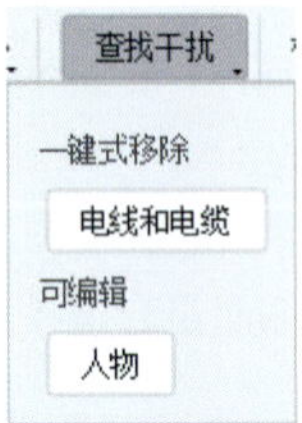

图2-32 “查找干扰”选项

图2-33 被智能选中的人物

图2-34 清除全部人物

拓展训练

拓展主题：人像与背景合成。

训练要求：使用PS中的“快速选择工具”“蒙版”合成人物与风景，保留皮肤质感，统一人物与背景色调。

素材位置：出版社官网/搜本书名/资源下载/案例素材/第2章/拓展训练 人像背景合成。

步骤指导：

① 打开人物肖像与风景背景图，使用“快速选择工具”选中人物，执行“选择并遮住”，用“调整边缘画笔”优化头发、衣物边缘，输出为“图层蒙版”。

② 将带蒙版的人物图层拖至风景背景图，调整大小与位置。

③ 导入纹理素材，置于人物图层上方，混合模式改为“柔光”，添加“图层蒙版”，仅对人物皮肤区域保留纹理，增强质感。

④ 添加“色彩平衡”调整图层，创建“剪贴蒙版”（仅作用于人物图层），调整“中间调”参数（青色－10、洋红＋5、黄色＋8），使人物肤色与背景色调统一（图2-35）。

图2-35 精准人像合成效果

第 3 章 选区深度解析

知识目标 ● 理解选区的定义及核心作用，掌握Photoshop中各类选择工具的功能与适用场景，熟悉选区的基本操作原理，了解调整图层与选区的协同机制，掌握盖印技术的概念与应用，理解参考线与网格的定位功能。

能力目标 ● 熟练操作各类选择工具创建选区，并能精准编辑选区，结合调整图层实现局部编辑，能运用多工具协同创建复杂选区，可以独立完成选区综合应用案例。

素质目标 ● 培养细致耐心的操作素养，在绘制精准选区时能保持专注，通过反复调整工具参数提升精度。能基于选区功能探索图像编辑的创意表达，将技术操作与设计理念结合。增强自主学习与探究能力，能通过案例素材自主练习，总结不同工具的使用规律，形成个性化操作技巧。

重点难点 ● 重点：选区与调整图层的协同应用。

难点：复杂边缘选区的精准创建。

思维导图 ●

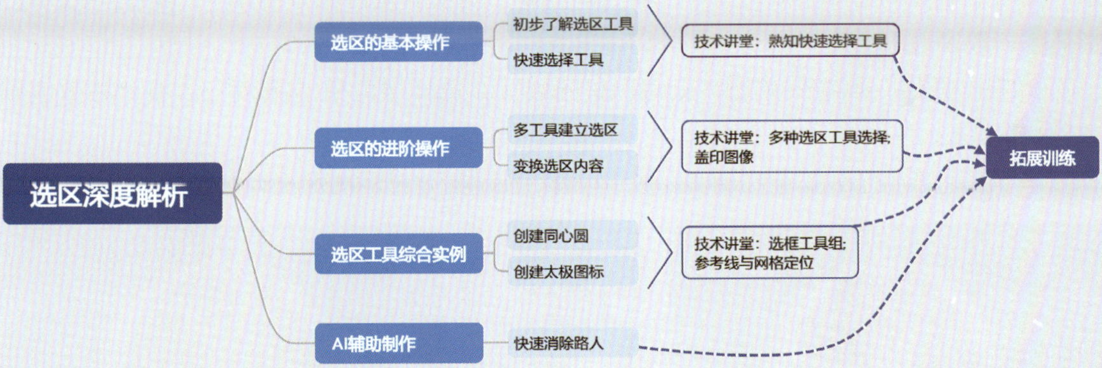

3.1 选区的基本操作

选区是为图像处理而定义的图像区域，可以隔离图像的一个或多个部分。通过选择特定区域，可以编辑图像的局部，并对其应用效果和滤镜，同时保持未选定区域不会被改动。

可以使用Photoshop中的各种选择工具、命令和“选择并遮住”工作区来建立选区。建立选区时，选区周围会出现一个虚线边框。可以移动、拷贝或删除选区边框内的像素，但在取消选择选区之前，无法对选区边框以外的区域执行操作。

3.1.1 操作实战8：初步了解选区工具

本案例旨在让学习者初步认识Photoshop中的各类选区工具，通过对包含水果、碗、男孩等元素的图像进行操作，如使用矩形选框工具、套索工具、对象选择工具等创建选区，并结合调整图层改变选区内图像的色相、亮度、色彩平衡等，从而理解选区的基本概念和作用，即隔离图像区域进行局部编辑，同时掌握选区的创建、编辑及与调整图层协同使用的基础方法。

本案例素材位置：出版社官网/搜本书名/资源下载/案例素材/第3章/操作实战8 初步了解选区工具。

▶ 微课视频 ◀

① 打开“初步了解选区工具”素材，在“图层”面板选中“水果”图层，在工具栏选择“矩形选框工具”，在左上角区域绘制矩形选区，选区边缘会出现虚线（图3-1）。

② 在“图层”面板中单击“新建调整图层”，选择“色相/饱和度”，将色相数值调整到+30（图3-2）。

③ 调整色相数值以后葡萄柚就变成了柠檬，而选区之外的图像没有发生变化（图3-3）。

图3-1　绘制选区的图层

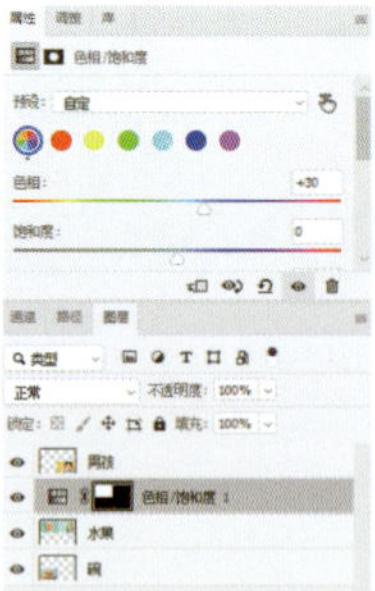

图3-2　新建图像调整图层

图3-3　调整完后的效果

④ 在保持选择“水果”图层状态下，在工具栏中选择“套索工具”，可以沿着任一水果边缘绘制选区（图3-4）。

⑤ 在工具栏中选择“吸管”工具，吸取图层的颜色，选择“菜单栏”>“编辑”>“填充”，内容设置为前景色后点击确定，快捷键为Alt+Delete（图3-5）。

⑥ 这时候刚才被选中的水果就消失了，执行“菜单栏”>“选择”>“取消选择”，快捷键为Ctrl+D（图3-6）。

图3-4 运用套索工具绘制选区

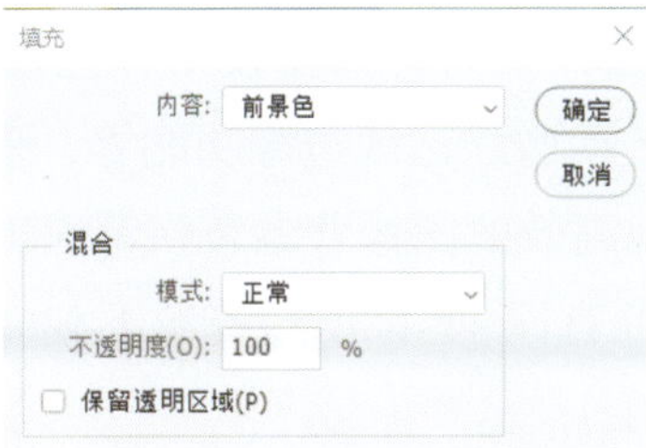

图3-5 填充窗口设置

图3-6 填充颜色后效果

⑦ 选择“碗”图层，在工具栏中选择“对象选择工具”，围绕水果周围绘制矩形选区，绘制以后软件会自动识别水果和碗的边缘，并形成选区（图3-7）。

⑧ 在“图层”面板中创建“亮度/对比度调整图层”，将亮度调整到20，这时水果和碗变得更加鲜亮（图3-8）。

⑨ 在“图层”面板中选择“男孩”图层，执行“菜单栏”>“选择”>“主体”，软件会自动识别出图像选区（图3-9）。

图3-7 自动识别的选区

图3-8 提高亮度后的图像

图3-9 自动提取的男孩选区

⑩ 在“图层”面板中“创建色彩平衡调整图层”，将黄色/蓝色的数值调整为+50，使得男孩皮肤更加逼真（图3-10）。

本次实战的最终效果（图3-11）。

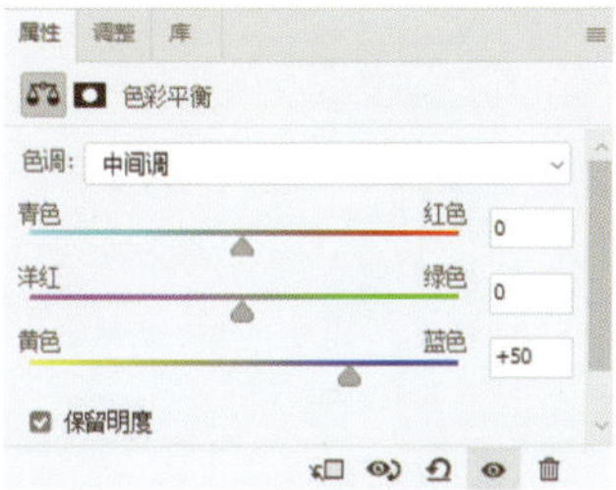

图3-10 色彩平衡的参数设置

图3-11 实战8的最终效果

3.1.2 操作实战9：快速选择工具应用

本案例聚焦于快速选择工具的使用，通过选取图像中的天空区域并将其删除，替换为新的背景，让学习者掌握快速选择工具的操作技巧，包括调整画笔大小、切换选区模式（新建、添加、减去）、利用自动增强选区边缘功能等，理解该工具如何快速“绘制”并跟随图像边缘创建选区，以实现高效的图像背景替换等编辑需求。

▶ 微课视频 ◀

本案例素材位置：出版社官网/搜本书名/资源下载/案例素材/第3章/操作实战9 快速选择工具应用。

① 打开案例素材，单击“背景”图层右侧图标解锁图层，或者复制当前图层（图3-12）。

② 在工具栏中选择“快速选择工具”，按住鼠标“左键”不放并移动位置，直到所有需要的内容都被框选，此过程中可能会切换“减去和增加”命令（图3-13）。

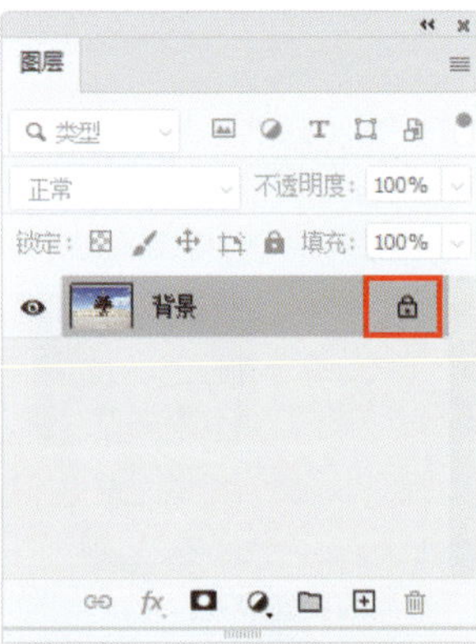

图3-12　解锁背景图层

图3-13　快速选中天空选区

③ 执行“菜单栏”>“编辑”>“清除”，或按Delete键删除天空，得到透明背景的天坛素材（图3-14）。

④ 导入需要的背景素材，完成最终设计（图3-15）。

图3-14　删除背景后的素材

图3-15　替换背景后的效果

技术讲堂：熟知快速选择工具

使用“快速选择工具”，运用可调整的圆形画笔笔尖快速“绘制”选区。按住鼠标左键拖动光标时，选区会向外扩展并自动查找和跟随图像中定义的边缘。

- 在选项栏中，单击以下选择项之一：“新建选区”、“添加到选区”或“从选区减去”。“新建选区”是在未选择任何选区的情况下的默认选项，创建初始选区后，此选项将自动更改为“添加到选区”。
- 若要更改画笔笔尖大小，单击选项栏中的“画笔”弹出式菜单并键入像素大小或拖动滑块；使用“大小”弹出菜单选项，使画笔笔尖大小随钢笔压力或光笔轮而变化。
- 在建立选区时，按右方括号键（]）可增大快速选择工具画笔的笔尖；按左方括号键（[）可缩小快速选择工具画笔的笔尖。
- “自动增强选区边缘”，减少选区边界的粗糙度和块效应，自动将选区向图像边缘进一步扩展并应用一些边缘调整。
- 在要选择的图像部分中绘画，选区将随着绘画而增大。如果更新速度较慢，应继续拖动以留出时间来完成选区上的工作。在形状边缘的附近绘画时，选区会扩展以贴合形状边缘的等高线。
- 若要从选区中减去，单击选项栏中的“从选区减去”选项，然后拖动以使其与其他选区交叉。
- 若要临时在添加模式和相减模式之间进行切换，按住Alt键（Windows）或Option键（Mac OS）。
- 若要更改工具光标，选取“编辑”>“首选项”>“光标”>“绘画光标”（Windows）或“Photoshop”>“首选项”>“光标”>“绘画光标”（Mac OS）。“正常画笔笔尖”显示标准的快速选择光标，其中带有用于显示选区模式的加号或减号。

3.2 选区的进阶操作

3.2.1 操作实战10：多工具建立选区

本案例通过处理包含门板和天空的图像，引导学习者综合运用椭圆选框工具和磁性多边形套索工具创建复杂选区（钥匙孔形状），并结合反选和图层蒙版操作，使下方的天空图层显现，以此掌握多种选区工具协同工作的方法，理解不同工具在绘制不同形状、边缘选区时的优势，提升创建复杂边缘选区的能力。

本案例素材位置：出版社官网/搜本书名/资源下载/案例素材/第3章/操作实战10 多工具建立选区。

① 打开素材文件，在“图层”面板中选择“门板”，在工具栏中选择“椭圆选框工具”，在钥匙孔上方用“椭圆选框工具”绘制选区（图3-16）。

② 钥匙孔的下方类似梯形，在工具栏中选择“磁性多边形套索工具”，在选项里单击“添加到选区”，或者按下Shift键，沿着钥匙孔边缘绘制选区（图3-17）。

微课视频

③ 执行“菜单栏”>“选择”>“反选”，快捷键为Ctrl+Shift+I，在“图层”面板中单击“创建图层蒙版”（图3-18）。

④ 添加图层蒙版后“天空”图层就被显现出来，选择“移动工具”调整图层位置，得到最终效果（图3-19）。

图3-16 绘制圆形选区

图3-17 绘制完成的选区

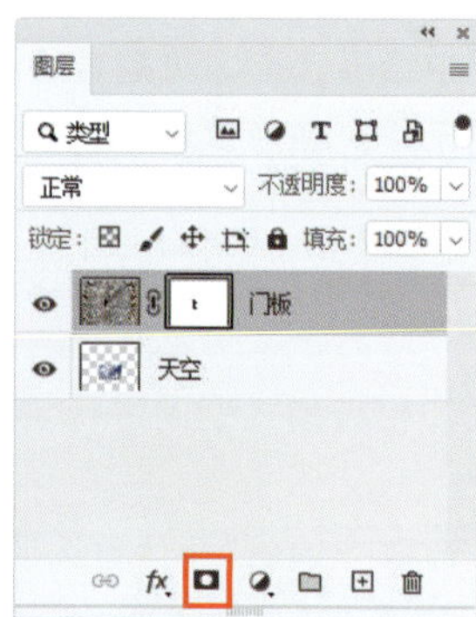

图3-18 为选区添加图层蒙版

图3-19 案例的最终效果

技术讲堂：多种选区工具选择

• “套索工具”对于绘制选区边框的手绘线段十分有用，选择“套索工具”。

执行以下任一操作：

拖动以绘制手绘的选区边界。

若要在手绘线段与直边线段之间切换，按Alt键（Windows）或Option键（Mac OS），然后单击线段的起始位置和结束位置。（若要抹除最近绘制的直线段，按下Delete键。）

若要闭合选区边界，在未按住Alt键或Option键时释放鼠标。

• “多边形套索工具”对于绘制选区边框的直边线段十分有用，在图像中单击它以设置起点。

执行下列一个或多个操作：

若要绘制直线段，将指针放到第一条直线段结束的位置，然后单击；继续单击，设置后续线段的端点。

若要绘制一条角度为45度的倍数的直线，在移动时按住Shift键单击下一条线段。

若要绘制手绘线段，按住Alt键（Windows）或Option键（Mac OS）并拖动。完成后，松开Alt键或Option键以及鼠标按钮。若要抹除最近绘制的直线段，按Delete键。

关闭选框，将“多边形套索工具”的指针放在起点上（指针旁边会出现一个闭合的圆）并单击。

如果指针不在起点上，双击“多边形套索工具”的指针，或者按住Ctrl键（Windows）或Command键（Mac OS）并单击。

• 使用“磁性套索工具”时，边界会对齐图像中定义区域的边缘。“磁性套索工具”不可用于32位/通道的图像。

“磁性套索工具”特别适用于快速选择与背景对比强烈且边缘复杂的对象。

设置下列任一选项：

若要指定检测宽度，请为“宽度”输入像素值。“磁性套索工具”只检测从指针开始指定距离以内的边缘。

若要更改套索指针以使其指明套索宽度，按下Caps Lock键。可以在已选定工具但未使用时更改指针。按右方括号键（]）可将磁性套索边缘宽度增大1像素；按左方括号键（[）可将其宽度减小1像素。

若要指定套索对图像边缘的灵敏度，在对比度中输入一个介于1%和100%之间的值。较高的数值将只检测与其周边对比鲜明的边缘，较低的数值将检测低对比度的边缘。

若要指定套索以什么频度设置紧固点，为“频率”输入0到100之间的数值。较高的数值会更快地固定选区边框。

在边缘精确定义的图像上，可以使用更大的宽度和更高的边缘对比度，然后大致地跟踪边缘。在边缘较柔和的图像上，尝试使用较小的宽度和较低的边缘对比度，然后更精确地跟踪边缘。

如果正在使用数字绘图板，选择或取消选择“光笔压力”选项。选中了该选项时，增大光笔压力将导致边缘宽度减小。

若要添加到现有选区、“从选区减去”或“与选区交叉”，单击选项栏中对应的按钮（图3-20）。

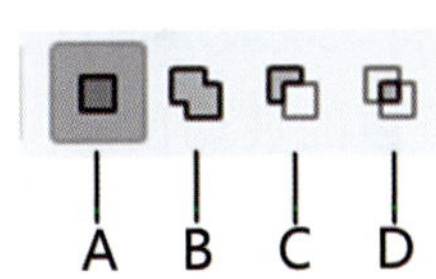

选区选项

A—新选区；B—添加到选区；C—从选区减去；D—与选区交叉

图3-20　选区的选项菜单

3.2.2 操作实战11：变换选区内容

本案例以会议室图像为素材，通过使用“椭圆选框工具”绘制选区后进行变换调整，结合“反选、图层蒙版”将会议桌中心变为水面，再利用“魔术棒工具”和“磁性多边形套索工具”选择玻璃区域，结合盖印技术替换窗外景色，让学习者掌握变换选区的方法，理解盖印技术在不破坏原图层的情况下合并图层效果的作用，提升对选区内容进行复杂编辑的能力。

本案例素材位置：出版社官网/搜本书名/资源下载/案例素材/第3章/操作实战11 变化选区内容。

▶ 微课视频 ◀

① 打开素材文件，在“图层”面板中选择“会议室”，在工具栏选择“椭圆选框工具”，在会议桌中心用“椭圆选框工具”绘制选区（图3-21）。

② 手动绘制很难与中心区域贴合，执行“菜单栏”>“选择”>“变换选区”，调节锚点使选区发生变化（图3-22）。

图3-21　绘制椭圆选区

图3-22　调整选区以后的效果

③ 在选项栏中点击 ✓ 提交变换，或者按下Enter键，再按下Ctrl+Shift+I进行反选，在“图层”面板中点击“创建图层蒙版”，这时会议桌中心就变成了水面（图3-23）。

④ 会议室的窗外景色略显单调，在工具栏中选择“魔术棒工具”，将容差数值调整为45，将大块玻璃进行选择（图3-24）。

图3-23　变成水面后的会议桌

⑤ 下边的玻璃使用“磁性多边形套索工具”，按下Shift键依次进行选区的增加（图3-25）。

图3-24　选择大块玻璃

图3-25　将所有玻璃进行选择

⑥ 按Ctrl+Shift+Alt+E键盖印当前图像，将“窗外”图层放在“图层1”下方，选择盖印后的“图层1”，按Ctrl+Shift+I键进行反选，在“图层”面板中点击“创建图层蒙版”（图3-26）。

图3-26　变换选区后的效果

技术讲堂：盖印图像

盖印是一种较为特殊的图像合并方法。盖印后，各个图层中所承载的对象会合并到一个新的图层中，而原图层完好无损。如果想实现某些图层的合并效果，又不想破坏原图层，可以采用这种方法。

• 按下Ctrl+Alt+E快捷键，可以将图层中的图像盖印到下方图层中；

• 按下Ctrl+Shift+Alt+E快捷键，可将所有可见图层中的内容盖印，并形成一个新的图层；

• 盖印多个图层时，所选的图层可以是非连续的，盖印所生成的图层将位于所有参与盖印图层的最上方；

• 盖印图层组，单击图层组将其选择，按下Ctrl+Alt+E快捷键可以将组中所有的图层盖印到一个新的图层中，原图层组保持不变。

3.3 选区工具综合实例

3.3.1 操作实战12：创建同心圆

微课视频

本案例利用标尺和网格辅助定位，使用椭圆选框工具结合快捷键绘制多个同心圆及圆环，最终填充颜色完成效果，旨在让学习者掌握选框工具组（尤其是椭圆选框工具）的高级使用技巧，理解快捷键（Shift、Alt等）在绘制对称、同心选区中的作用，以及参考线和网格在精准定位中的功能。

① 新建一个文档，尺寸为500像素×500像素，分辨率为100像素/英寸（图3-27）。

图3-27 新建文档预设

② 选择“菜单栏”>“视图”>“标尺”，快捷键Ctrl+R调出标尺，再选择“菜单栏”>“视图”>“显示”>“网格”，快捷键Ctrl+’调出网格；工具栏选择“椭圆选框工具”，同时按下快捷键Shift+Alt，绘制一个以图中黑点为圆心的正圆选区（图3-28）。

③ 保持选择“椭圆选框工具”，按下快捷键Alt+Shift，从大的正圆选区中减去一个小一点的正圆选区，松开Alt键，并再次按下Alt键，呈现出一个以图中的黑点为圆心绘制的同心圆（图3-29）。

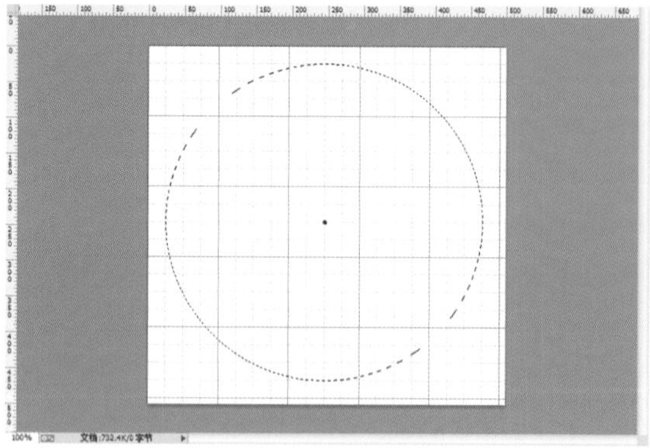

图3-28　绘制正圆选区

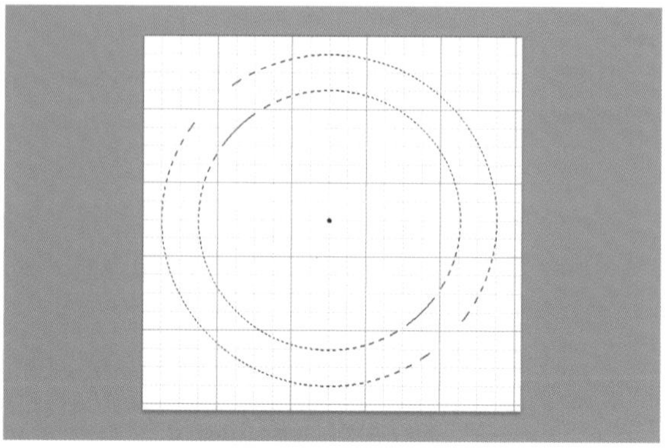

图3-29　绘制同心圆环

④ 现在制作出了圆环选区，接下来在圆环的中心再加入一个比圆环略小的正圆选区。选择“椭圆选框工具”，按下快捷键Shift+Alt，从圆环中加入一个略小的正圆选区，松开Shift键，并再次按下Shift键，再次呈现一个以图中的黑点为圆心的同心圆（图3-30）。

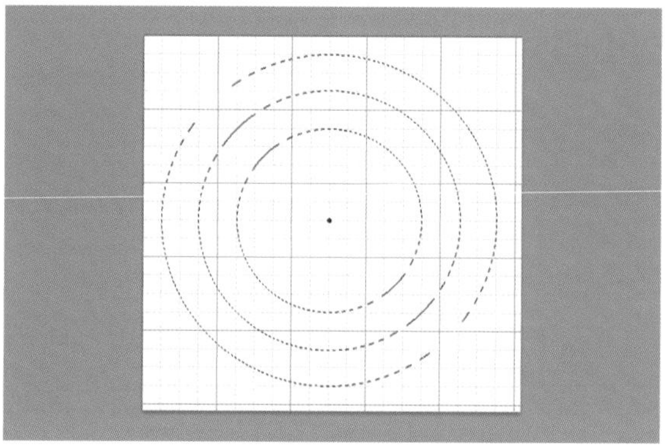

图3-30　再次绘制同心圆环

⑤ 重复刚才的步骤，继续绘制小一点的同心圆（图3-31）。

⑥ 把前景色设置为黑色，使用工具栏中的“油漆桶工具”或快捷键Alt+Delete填充前景色。最终效果（图3-32）。

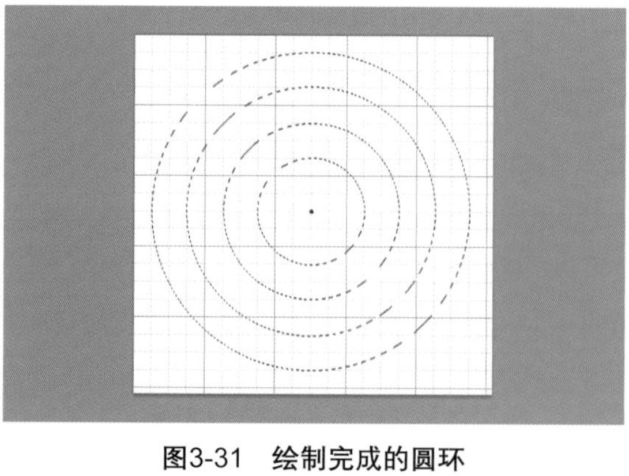

图3-31　绘制完成的圆环

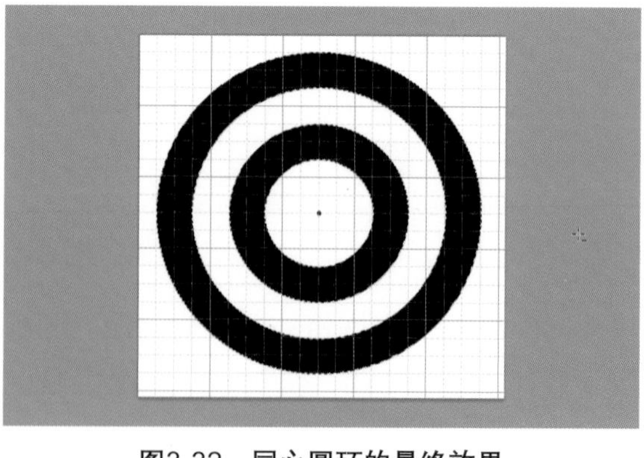

图3-32　同心圆环的最终效果

技术讲堂：选框工具组

• “矩形选框工具”主要用来绘制矩形选区，在它的选项条上可以规定所绘制矩形选框的大小与比例。不做任何设置时，我们建立的是矩形选区，结合快捷键再进行绘制时，可以建立正方形选区。

• “椭圆选框工具”的主要功能是建立椭圆选区和正圆选区。不做任何设置时，我们建立的是椭圆选区，结合快捷键后，可以建立正圆选区。同样在其选项条上，可以设置所绘制圆形选框的大小与比例。

• “单行、单列选框工具”的主要功能是建立一个像素的行和列的选区，配合shift快捷键，我们可以创建一些表格和辅助线的效果。在拖动鼠标创建选区时不松开鼠标左键，按下空格键，可保持当前的选区不变并可将其平移。松开空格键后，可继续绘制选区。

• 选中“矩形选框工具”和“椭圆选框工具”，按下Alt键拖动鼠标，将以单击点位置为中心创建对称的选区形状。若同时按下Alt+shift键，则可以创建出正方形或是正圆选区。

3.3.2 操作实战13：创建太极图标

本案例利用标尺和参考线确定中心和分割区域，使用椭圆选框工具结合选区模式（新建、减去、添加）绘制太极基本形状，再通过填充颜色、调整不透明度、使用渐变工具添加立体效果等，让学习者综合运用选区工具、参考线定位、图层编辑等知识，掌握复杂图形的创建方法，深化对选区精准操作和定位工具的理解。

① 新建一个文档，尺寸为800像素×800像素，设置分辨率为72像素/英寸（图3-33）。

② 使用快捷键Ctrl+R调出“标尺”，设定水平和垂直数值均为400像素，交叉点为图形绘制中心（图3-34）。

③ 新建图层并使用“椭圆选框工具”，用鼠标点击选定的绘制中心不松开同时按下快捷键Shift+Alt拖动绘制正圆选区，然后填充白色（图3-35）。

▶ 微课视频 ◀

图3-33　新建文档预设

图3-34　标尺标定文档中心

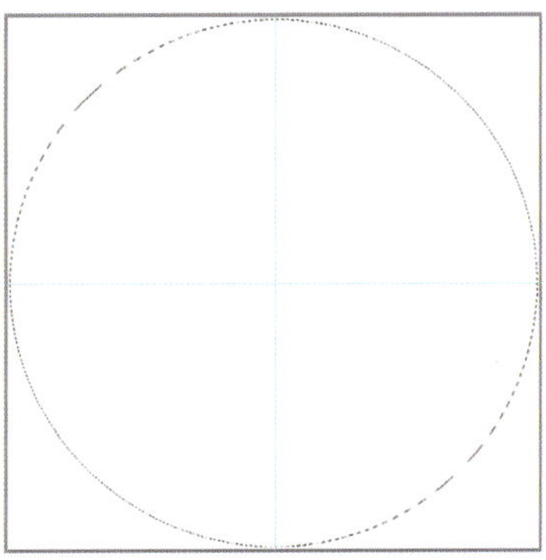
图3-35　绘制正圆选区

④ 在现有制作出的正圆选区上，选择“从选区减去”减去下半圆选区，之后新建图层并在新图层基础上填充黑色，完成半圆图形绘制（图3-36）。

⑤ 分别在200像素和600像素垂直位置上新建参考线，把画面平均分为4部分，为下一步绘制设定中心点（图3-37）。

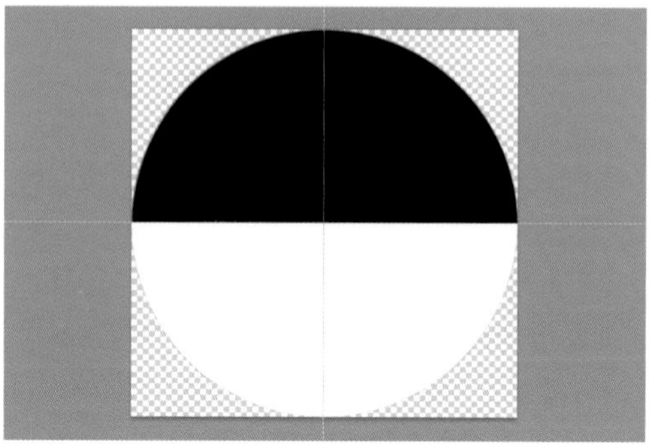

图3-36 半圆图形的绘制

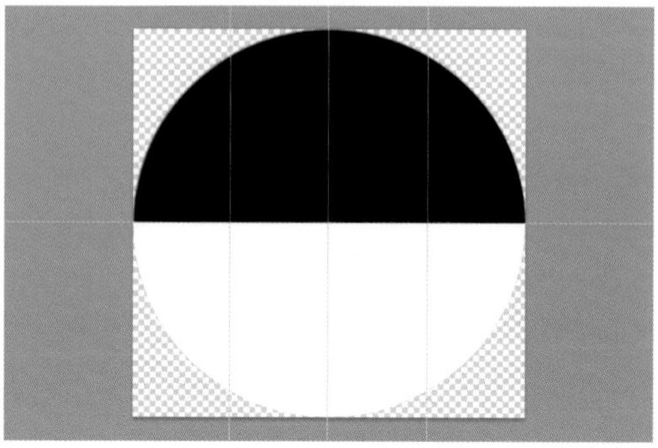

图3-37 再次新建参考线

⑥ 在红点的位置使用“椭圆选框工具”，用鼠标点击选定的绘制中心不松开同时按下快捷键Shift+Alt拖动绘制正圆选区，直径为图形的一半，选择快捷键Delete删除选区内的多余像素（图3-38）。

⑦ 在另一侧中心位置选择“增加到选区”绘制同样大小的正圆，并填充黑色完成基本形状的绘制（图3-39）。

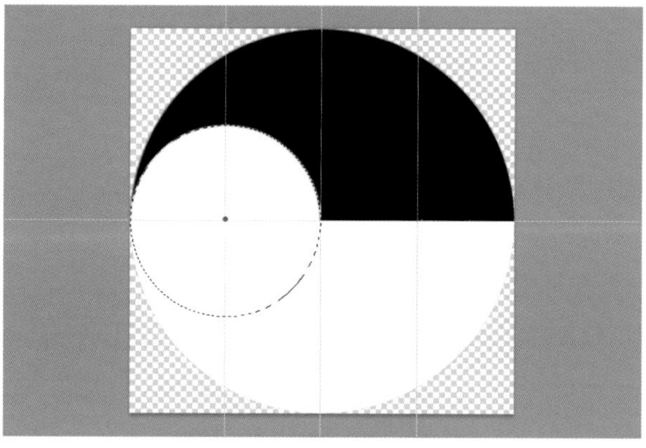

图3-38 删除多余像素

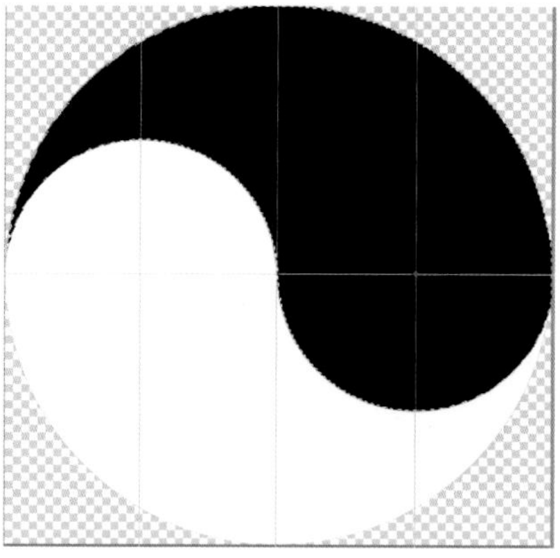

图3-39 黑色区域的绘制

⑧ 把黑色区域图层的不透明度降到60%并新建图层，选择“径向渐变工具”，设置“黑色到透明渐变”进行拖拽形成完成立体效果的填充（图3-40）。

⑨ 使用同样的方法，给太极图形的白色区域增加立体效果，将这个区域的新图层的不透明度降到10%（图3-41）。

⑩ 在中心点上绘制“固定大小”宽高设定为80像素的正圆并填充为黑色，在另一侧，使用同一方法绘制白色大小为80像素的正圆（图3-42）。

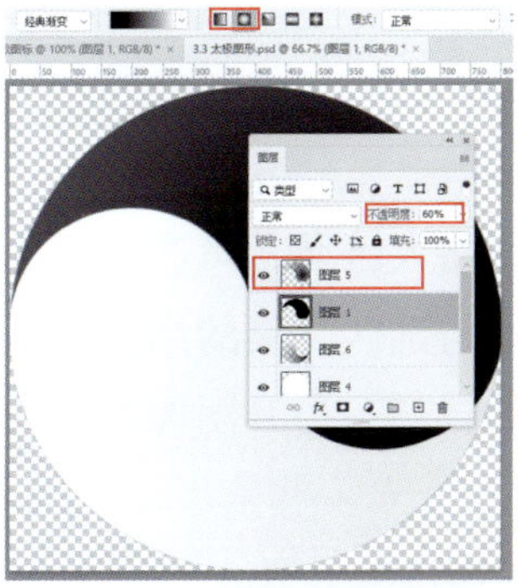

图3-40 黑色区域增加立体效果

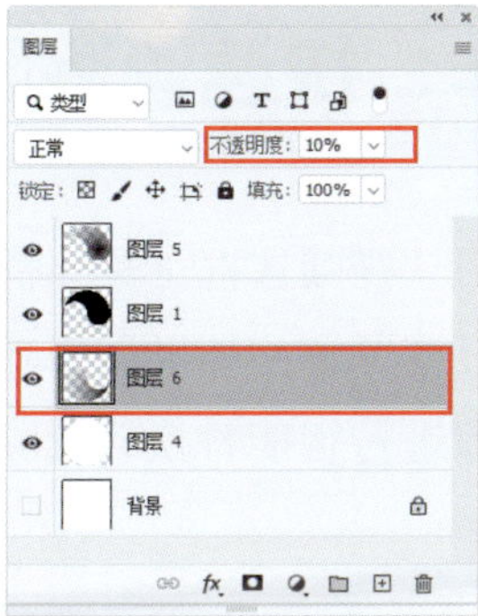

图3-41 白色区域增加立体效果

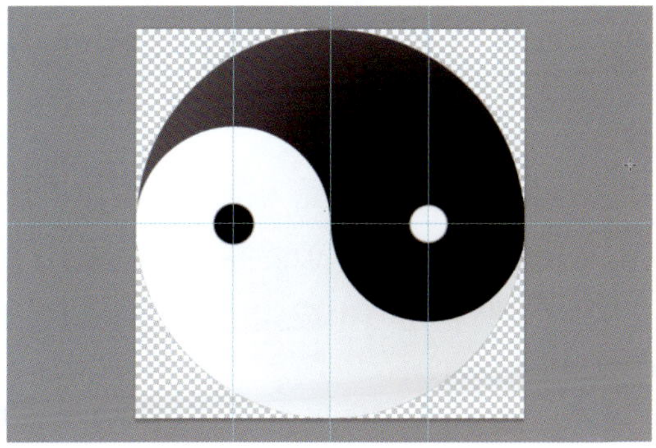

图3-42 太极图标最终效果

技术讲堂：参考线与网格定位

• 参考线和网格可帮助绘图者精确地定位图像或元素，参考线是显示为浮动在图像上方的一些不会打印出来的线条。可以移动和移除参考线，还可以锁定参考线，从而使其不会被意外移动。

智能参考线可以帮助绘图者对齐形状、切片和选区。当绘制形状或创建选区或切片时，智能参考线会自动出现，如果需要可以隐藏智能参考线。网格对于对称排列图形很有用，网格在默认情况下显示为不会打印出来的线条，但也可以显示为点。

• 参考线和网格的特性相似：

拖动选区、选区边框和工具时，如果拖动距离小于8个屏幕（不是图像）像素，则它们将与参考线或网格对齐。参考线移动时也与网格对齐，可以打开或关闭此功能。参考线间距、是否能够看到参考线和网格，以及对齐方式均因图像而异。网格间距、参考线和网格的颜色及样式对于所有的图像都是相同的。

• 置入参考线

如果看不到标尺，可在菜单栏中选择“视图”>“标尺”。为了得到最准确的数值，可按100%的放大率查看图像或使用信息面板。

• 执行以下操作之一来创建参考线：

选择“视图”>“新建参考线”，在对话框中，选择“水平”或“垂直”方向，并输入位置，然后单击“确定”。

可以通过拖移水平标尺来创建水平参考线。

按住Alt键（Windows）或Option键（Mac OS），然后从垂直标尺拖动以创建水平参考线。

从垂直标尺拖动以创建垂直参考线。

按住Alt键（Windows）或Option键（Mac OS），然后从水平标尺拖动以创建垂直参考线。

按住Shift键并从水平或垂直标尺拖动以创建与标尺刻度对齐的参考线，拖动参考线时，指针变为双箭头。

3.4 AI辅助制作：快速消除路人

本案例针对包含路人的素材图像，使用“椭圆选框工具”框选路人区域，再通过“生成式填充”功能快速消除路人，旨在让学习者了解AI辅助编辑功能与选区工具的结合使用方法，掌握利用“生成式填充”对选区内容进行智能替换或消除的技巧，提升图像编辑的效率和便捷性。

本案例素材位置：出版社官网/搜本书名/资源下载/案例素材/第3章/快速消除路人。

① 打开素材文件，素材的左下角有两个路人，在工具栏中选择“椭圆选框工具”，绘制选区将路人框选（图3-43）。

② 点击“上下文任务栏”中“创成式填充”，在弹出的提示词对话框不需要输入，点击“生成”按钮（图3-44、图3-45）。

③ 图片中的路人被快速消除，在“图层”面板增加了“创成式填充图层”，属性面板生成了3种变换可以选择，如果对生成效果不满意，可以再次生成（图3-46）。

▶ 微课视频 ◀

图3-43 选区框选路人

图3-44 生成式填充栏操作1

图3-45 生成式填充栏操作2

图3-46 生成式填充后效果

提示

如果未出现“上下文任务栏”，可以在窗口中选择上下文任务栏命令，让其显示出来。

拓展训练

拓展主题：复杂Logo选区精准提取。

训练要求：利用本书提供的素材或者自行寻找相关素材，灵活运用PS中“快速选择工具”“磁性套索工具”“多边形套索工具”选取复杂图形边缘，并选区添加“平滑”命令后提取出Logo。

素材位置：出版社官网/搜本书名/资源下载/案例素材/第3章/拓展训练 复杂Logo。

步骤指导：

① 打开Logo素材，使用“快速选择工具”调整画笔大小，快速选中背景区域，结合“从选区减去”模式剔除误选的Logo细节。

② 执行“选择”>“反选”选中Logo主体，针对花纹复杂的边缘，切换“磁性套索工具”，精细化调整边缘选区。

③ 对于Logo中的直线轮廓，按住Alt键切换为“多边形套索工具”，绘制直边选区补充，执行“选择”>“修改”>“平滑”（采样半径3像素）优化边缘，效果如图3-47所示。

图3-47 复杂Logo选区

第4章 变换与变形工具

知识目标 ● 理解变换工具的功能与应用范围，掌握裁剪工具的多种使用方法；了解出血线的概念、作用及在Photoshop中的设置方法；熟悉智能对象的相关知识；掌握操控变形的相关选项；了解打印输出选项的相关知识。

能力目标 ● 能够熟练运用变换工具完成图像的各种变换操作；能够灵活使用裁剪工具进行不同类型的裁剪操作；能够在Photoshop中正确设置出血线，满足印刷等场景的需求；能够熟练创建和应用智能对象；能够运用操控变形工具对图像进行变形处理。

素质目标 ● 培养严谨细致的工作态度，在进行图像变换、裁剪、设置出血线等操作时，注重细节，确保操作的准确性，以达到预期的图像效果；提升自主学习和探索能力，能够主动研究变换与变形工具的各种功能和应用技巧，不断拓展自身的操作技能。

重点难点 ● 重点：变换工具的各项操作，尤其是自由变换中的翻转、旋转等命令的应用。
难点：掌握操控变形中节点的调整技巧，能够如何准确调整节点，使图像变形自然、达到预期效果。

思维导图 ●

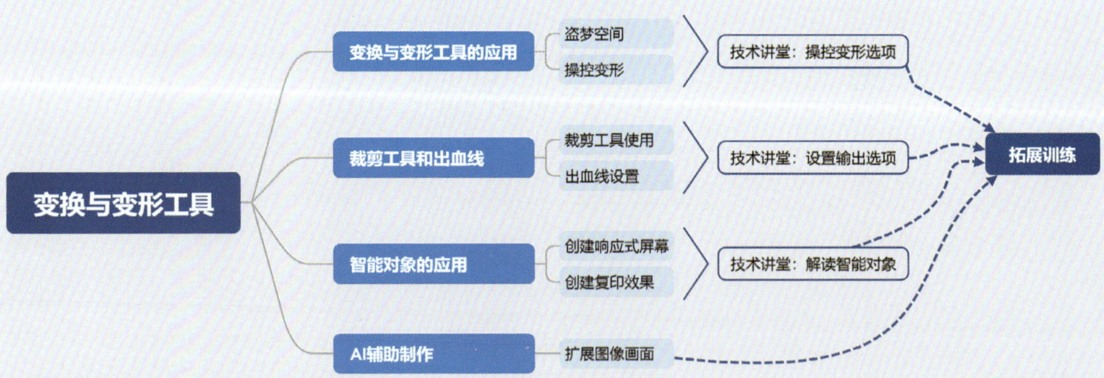

4.1 变换与变形工具的应用

对图像进行变换比例、旋转、斜切、伸展或变形处理，可以应用于选区、整个图层、多个图层或图层蒙版；还可以应用于路径、矢量形状、矢量蒙版、选区边界或Alpha通道。若在处理像素时进行变换，将影响图像品质。要对栅格图像应用非破坏性变换，需要使用智能对象。

4.1.1 操作实战14：盗梦空间

本案例旨在通过裁剪工具、多边形套索工具、自由变换（翻转、旋转）、图层蒙版、渐变工具以及Camera Raw滤镜等操作，制作出具有梦幻效果的“盗梦空间”图像，以便让学习者熟练掌握图像的裁剪、选区创建、图层复制、自由变换及滤镜调整等基础且核心的变换工具操作，理解不同工具组合使用能产生的独特视觉效果。

本案例素材位置：出版社官网/搜本书名/资源下载/第4章/操作实战14 盗梦空间。

▶ 微课视频 ◀

① 打开“盗梦空间”素材，在工具栏选择“裁剪工具”，设置为1：1（方形），按下Enter键确认（图4-1）。

② 选择“菜单栏”>“视图”>“标尺”，调出标尺（快捷键Ctrl+R），在画面四周绘制标尺，工具栏选择多边形套索工具，沿着对角线绘制左下角选区（图4-2）。

③ 按下Ctrl+J键复制当前选区生成图层1，选择“菜单栏”>“编辑”>“自由变换”（快捷键Ctrl+T），单击鼠标右键选择“垂直翻转”命令（图4-3）。

图4-1 裁剪画面

图4-2 绘制左下角选区

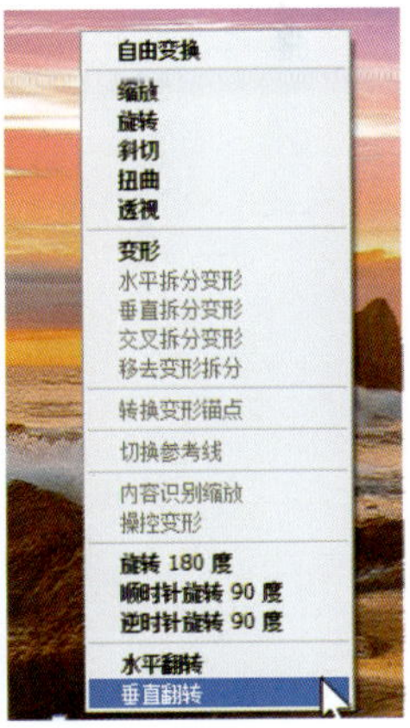

图4-3 “垂直翻转”命令

④ 再次单击鼠标右键，选择“顺时针旋转90度”（图4-4）。

⑤ 再次选择背景图层，使用“多边形套索工具”，沿着对角线绘制右下角选区（图4-5）。

⑥ 按下Ctrl+J键，复制当前选区生成图层2，选择“菜单栏”>“编辑”>“自由变换”（快捷键Ctrl+T），单击鼠标右键选择垂直翻转命令和逆时针旋转90度（图4-6）。

图4-4　顺时针旋转90度效果

图4-5　绘制右下角选区

图4-6　操作图层2的效果

⑦ 在“图层”面板中选择图层1并创建图层蒙版，在工具栏中选择“渐变工具”，并选择黑白渐变（图4-7）。

⑧ 按下Ctrl+Alt+Shift+E键盖印图像，得到图层3，选择“菜单栏”>“滤镜”>“Camera Raw滤镜”，在“亮”中将高光调到+100，在效果中将晕影数值调到－100（图4-8）。

⑨ 得到梦幻的盗梦空间效果（图4-9）。

图4-7　创建图层蒙版后的效果

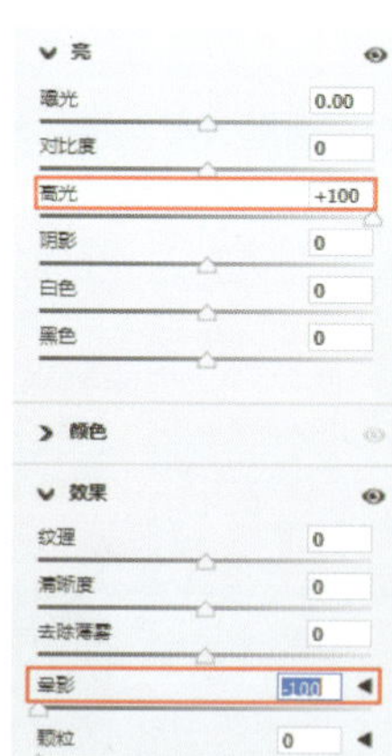

图4-8　滤镜中参数设置

图4-9　最终效果

4.1.2 操作实战15：操控变形

本案例主要借助操控变形工具对“舞者”图像进行处理。通过将图层转换为智能对象，添加操控变形点并调整节点，使舞者的动作更加夸张。目的是让学习者掌握智能对象的转换方法，熟悉操控变形工具的各项选项（如模式、密度、扩展等）及节点调整技巧，学会如何通过精准调整节点使图像变形自然且达到预期效果。

本案例素材位置：出版社官网/搜本书名/资源下载/案例素材/第4章/操作实战15 操控变形。

① 打开“操控变形”素材，在“图层”面板中选择“舞者”图层，选择“菜单栏”>“图层”>“智能对象”>“转换为智能对象”，将当前图层转换为智能对象（图4-10）。

▶ 微课视频 ◀

图4-10 转换为智能对象

② 在“图层”面板中开启“图钉参考”图层，现在图像上显示出7个圆点（图4-11）。

③ 选择“菜单栏”>“编辑”>“操控变形”，光标现在变为图钉状显示，在7个圆点位置添加操控变形点（图4-12）。

④ 用鼠标左键单击操控变形点，按下Alt键会出现操控选项（图4-13）。

⑤ 调整操控变形节点，让角色的动作更加夸张（图4-14）。

图4-11 显示图钉参考位置

图4-12 添加操控变形点

图4-13 改变角色状态

图4-14 调整操控变形后效果

技术讲堂：操控变形选项

操控变形选项栏，如图4-15所示。

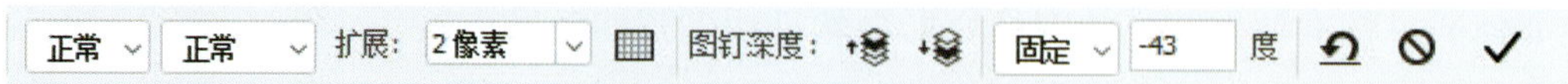

图4-15　操控变形选项栏

• 模式：可以设置网格的弹性。选择“刚性”，变形效果精确，但过渡较为生硬；选择“正常”，变形效果准确，过渡柔和；选择“扭曲”，可创建透视扭曲。

• 密度：可以设置网格密度。细密的网格可以添加更多的图钉。

• 扩展：用来设置变形衰减范围。该值越大，变形网格的范围也会相应地越向外扩展，对象的边缘也会越平滑。

• 显示网格：显示变形网格。取消勾选该选项时，只显示图钉。

• 图钉深度：选择一个图钉，单击“将图钉前移”按钮，可以将图钉向上层移动一个堆叠顺序；单击“将图层后移”按钮，可以将图钉向下层移动一个堆叠顺序。

• 旋转：选择“自动”选项，拖拽图钉时图像自动旋转。选择“固定”选项，可在其右侧的文本框中输入旋转角度值。此外，单击一个图钉后，按住Alt键会出现变换框，拖拽鼠标也可以旋转图钉。

• 复位/撤销/应用：单击按钮，可删除所有图钉，将网格恢复到变形前的状态；单击按钮或按Esc键，可放弃变形操作；单击按钮或按Enter键，可以确认变形操作。

4.2 裁剪工具和出血线

4.2.1 裁剪工具使用

本案例素材位置：出版社官网/搜本书名/资源下载/案例素材/第4章/裁剪工具使用。

① 打开“裁剪工具使用”素材，在工具栏选择“裁剪工具”，在图像中绘制裁剪区域，按下Enter键或者选项栏，完成裁剪（图4-16）。

② 使用“选区工具”进行裁剪，在工具栏中选择“矩形选框工具”绘制选区，选择“菜单栏”>“图像”>“裁剪”（图4-17）。

③ 裁剪圆形图像，在工具栏选择“椭圆选框工具”，并按下Shift键绘制正圆选区，按Ctrl+J键复制当前选区（图4-18）。

④ 使用剪贴蒙版裁剪图片，新建图层并绘制圆形填充为黑色，将该图层置于最顶层，点击鼠标右键选择“剪贴蒙版”（图4-19）。

微课视频

图4-16　裁剪图像

图4-17　选区裁剪

图4-18　圆形选区裁剪

图4-19　剪贴蒙版裁剪

⑤ 拉直裁剪，打开素材图片，在选项栏激活“拉直”按钮 拉直，沿着水平面绘制直线（图4-20）。

⑥ 在工具栏中选择“透视裁剪工具”，在图像中绘制透视裁剪区域，按下Enter键或者✓完成透视裁剪（图4-21）。

图4-20　拉直裁剪图像

图4-21　透视裁剪示意图

4.2.2 出血线设置

出血线是打印后修剪的文档之外的区域，Photoshop中的出血区域用于确保打印文档边缘周围有颜色。

在Photoshop中添加出血线，首先要启用标尺（快捷键Ctrl+R），然后选择“菜单栏”＞“视图”＞“对齐到”＞“文档边界”，以确保新参考线将对齐到文档边缘。

选择“菜单栏”＞“图像”＞“画布大小”，将单位设置为毫米，若是为文档的每个边缘增加3毫米，需要将现有的宽度和高度值增加6毫米，选中“相对”框，画布扩展颜色设置为白色（图4-22）。

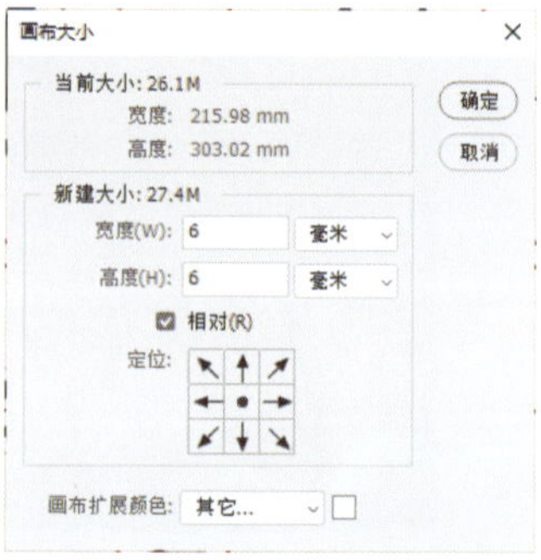

图4-22　画布大小参数设置

快速添加出血标记，选择“菜单栏”＞“文件”＞“打印”，然后在打印机选项中选择“打印成Microsoft Print to PDF”。在打印标记部分选中“角裁剪标志”框，然后选择函数菜单下的出血按钮并将宽度设置为3毫米，点击完成后点击打印按钮将文档另存为PDF文件（图4-23）。

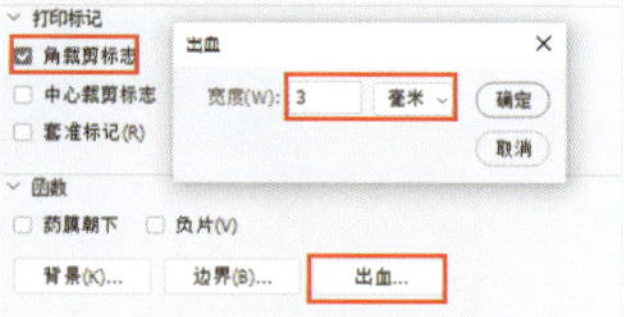

图4-23　快速添加出血标记

技术讲堂：设置输出选项

如果要准备图像以便直接从Photoshop中进行商业印刷，可以使用“打印”命令选择和预览各种页面标记和其他输出选项（图4-24）。通常，这些输出选项只应该由印前专业人员或对商业印刷过程了如指掌的人员指定。

A—校准色条
B—标签
C—套准标记
D—连续颜色条
E—角裁切标记
F—中心裁切标记
G—说明
H—星形靶

图4-24　页面标记

在菜单栏中选择“文件”>“打印”，从弹出式菜单中选择“输出”。

设置下面的一个或多个选项：

• 校准色条　打印11级灰度，即一种按10%的增量从0到100%的浓度过渡效果。使用CMYK分色，将会在每个CMYK印版的左边打印一个校准色条，并在右边打印一个连续颜色条。

提示

只有当纸张比打印图像大时，才会打印校准色条、套准标记、角/中心裁切标记和标签。

• 套准标记　在图像上打印套准标记（包括靶心和星形靶）。这些标记主要用于对PostScript打印机上的分色。

• 角裁切标记　在要裁剪页面的位置打印裁切标记，也可以在角上打印裁切标记。在PostScript打印机上，选择此选项也将打印星形靶。

• 中心裁切标记　在要裁剪页面的位置打印裁切标记，可在每个边的中心打印裁切标记。

• 说明　在“文件简介”对话框中输入的任何说明文本（最多约300个字符）。始终采用9号Helvetica无格式字体打印说明文本。

• 标签在图像上方打印文件名，如果打印分色，则将分色名称作为标签的一部分打印。

• 药膜朝下　文字在药膜朝下（即胶片或相纸上的感光层背对使用者）时可读。正常情况下，打印在纸上的图像是药膜朝上打印的，感光层正面朝上时文字可读。打印在胶片上的图像通常采用药膜朝下的方式。

• 负片打印　整个输出（包括所有蒙版和任何背景色）的反相版本。与“图像”菜单中的“反相”命令不同，“负片”选项将输出（而非屏幕上的图像）转换为负片。尽管正片胶片在许多国家或地区很普遍，但是如果将分色直接打印到胶片上，可能需要负片。打印时要与印刷商核实，确定需要哪一种方式。

• 若要确定药膜的朝向，请在冲洗胶片后于亮光下检查胶片。暗面是药膜，亮面是基面。与印刷商核实，是要求胶片正片药膜朝上、负片药膜朝上，还是正片药膜朝下、负片药膜朝下。

• 背景选择　在页面上的图像区域外打印的背景色。例如，对于打印到胶片记录仪的幻灯片，黑色或彩色背景可能很理想。要使用该选项，单击“背景”，然后从拾色器中选择一种颜色。这仅是一个打印选项，它不影响图像本身。

• 边界　在图像周围打印一个黑色边框。键入一个数字并选取单位，指定边框的宽度。

• 出血　在图像内而不是在图像外打印裁切标记。使用此选项可在图形内裁切图像。键入一个数字并选取单位，指定出血的宽度。

• 插值　在打印时自动重新取样，从而减少低分辨率图像的锯齿状外观（仅限PostScript打印机）。但是，重新取样可能降低图像的锐化程度进而影响图像品质。

4.3 智能对象的应用

4.3.1 操作实战16：创建响应式屏幕

本案例将“响应式屏幕壁纸”素材应用到不同设备（手机、平板、台式机、笔记本）的“屏幕”图层中，通过创建智能对象、调整大小及创建剪贴蒙版，使壁纸适配各设备屏幕。目的是让学习者掌握智能对象的创建、大小调整及剪贴蒙版的应用方法，理解智能对象在多图层、多设备适配场景中的优势，实现响应式设计效果。

本案例素材位置：出版社官网/搜本书名/资源下载/案例素材/第4章/操作实战16 创建响应式屏幕。

① 打开“创建响应式屏幕”素材，并为每一个产品创建“屏幕”图层（图4-25）。

② 导入“响应式屏幕壁纸”，将其移动并复制到屏幕图层上方，选择“菜单栏”>“图层”>“转换为智能对象”，或者单击鼠标右键转换为智能对象（图4-26）。

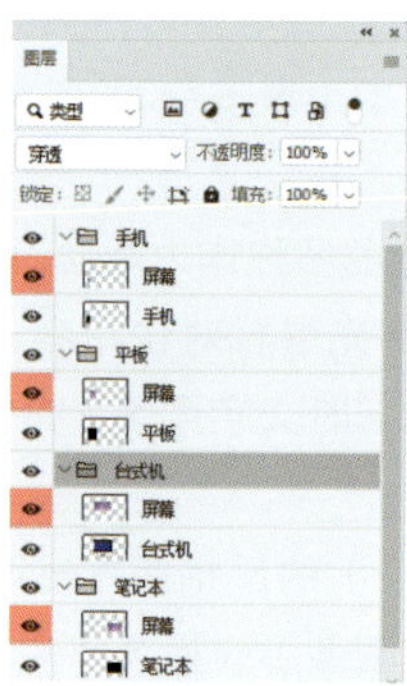

图4-25 创建“屏幕”图层

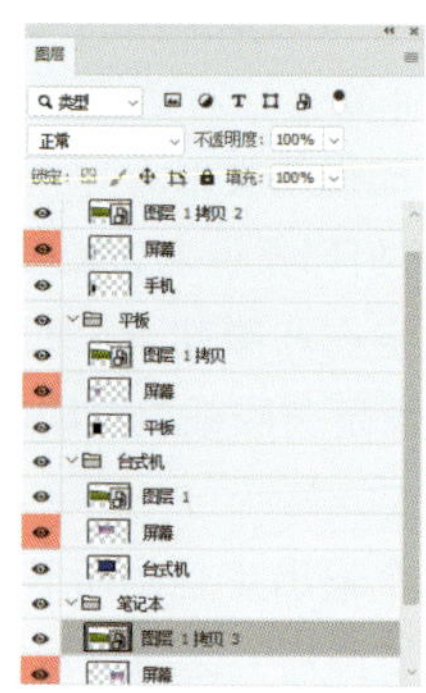

图4-26 转换为智能对象图层

▶ 微课视频 ◀

③ 按下Ctrl+T键调整壁纸大小，适应屏幕，基本可以覆盖屏幕即可（图4-27）。

图4-27 调整壁纸大小后效果

④ “图层”面板上，分别选中智能对象，单击鼠标右键创建剪贴蒙版，快捷键Alt+Ctrl+G，图层的缩览图出现左下的箭头（图4-28）。

⑤ 所有智能对象都剪切到各自的屏幕上（图4-29）。

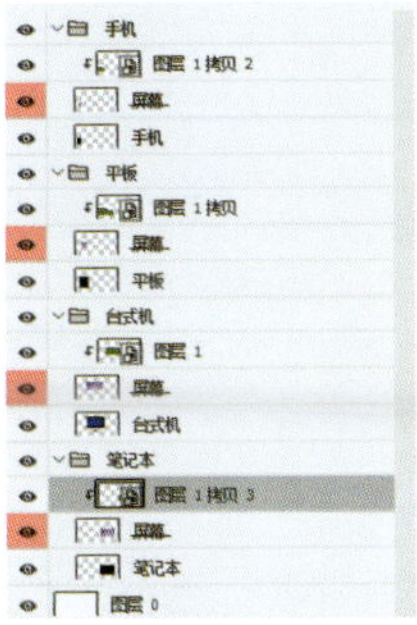

图4-28　为图层创建剪贴蒙版

图4-29　响应式屏幕最终效果

4.3.2 操作实战17：创建复印效果

本案例通过将素材转换为智能对象，多次添加不同参数的滤镜（颗粒滤镜、素描图章滤镜等），制作出类似复印的效果。目的是让学习者熟悉智能对象与滤镜结合使用的操作，掌握在智能对象上添加、调整多个滤镜的方法，理解智能对象在非破坏性编辑（如滤镜效果可修改）中的作用。

本案例素材位置：出版社官网/搜本书名/资源下载/案例素材/第4章/操作实战17 创建复印效果。

① 打开“4.3创建复印”素材，执行“菜单栏”>“图层”>“智能对象”>“转换为智能对象”，选择“菜单栏”>“滤镜”>“滤镜库”>“纹理”>“颗粒”，设置强度100、对比度20、颗粒类型为柔和（图4-30）。

▶ 微课视频 ◀

② 在滤镜库的底部，单击带有“加号”的正方形图标添加新的颗粒滤镜，将其设置为强度3、对比度45和颗粒类型垂直（图4-31）。

③ 再次添加滤镜，选择“素描”>“图章”，设置明/暗平衡为1，平滑度2（图4-32）。

④ 点击确定后得到复印效果（图4-33）。

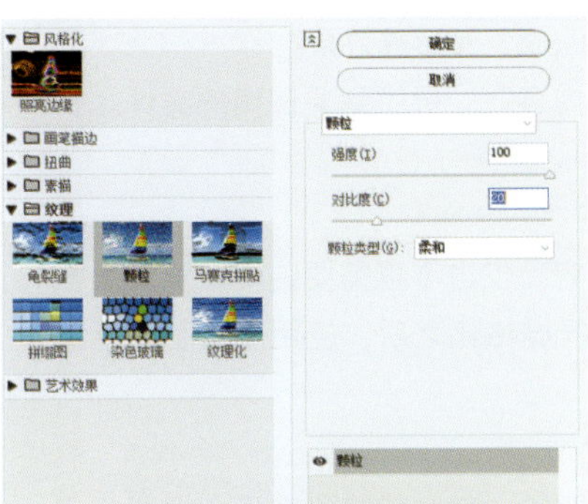

图4-30　滤镜参数设置

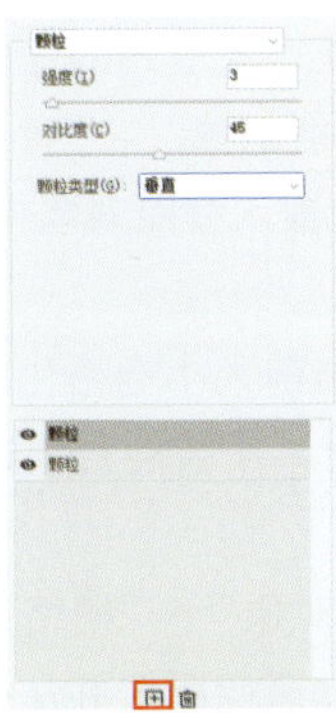

图4-31　颗粒滤镜参数设置

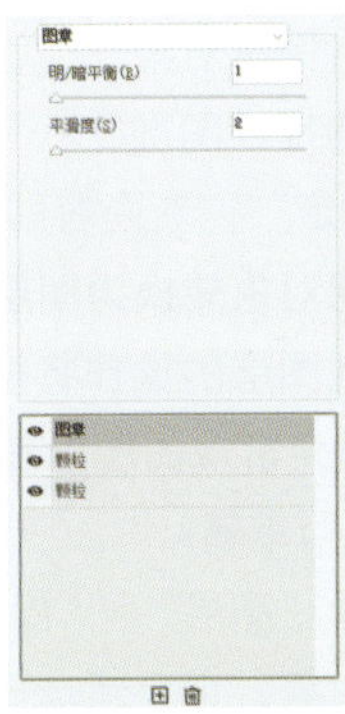

图4-32　图章滤镜参数设置

图4-33　复印效果

技术讲堂：解读智能对象

嵌入链接的智能对象

执行下列操作之一：

右键单击“图层”面板中链接的智能对象，然后选择“嵌入链接的智能对象”。

选择“图层”>“智能对象”>“嵌入链接的智能对象”。

在“属性”面板中，单击“嵌入”按钮。

选择“图层”>“智能对象”>“嵌入所有链接的智能对象”，以便在Photoshop文档中嵌入所有链接的智能对象。

复制嵌入的智能对象

在“图层”面板中，选择智能对象图层，然后执行下列操作之一：

要创建链接到原始智能对象的重复智能对象，选择“图层”>“新建”>“通过拷贝的图层”，或将智能对象图层拖动到“图层”面板底部的“创建新图层”图标。对原始智能对象所做的编辑会影响副本，而对副本所做的编辑同样也会影响原始智能对象。

要创建未链接到原始智能对象的重复智能对象，选择“图层”>“智能对象”>“通过拷贝新建智能对象”，对原始智能对象所做的编辑不会影响副本。

编辑智能对象的内容

当编辑智能对象时，来源内容会在Photoshop（如果内容是栅格数据或相机原始数据文件）或默认处理置入格式的应用程序（如Adobe Illustrator或Adobe Acrobat）中打开。当存储对源内容所做的更改时，Photoshop文档中所有链接的智能对象实例都会显示所做的编辑。

从“图层”面板中选择智能对象，然后执行下列操作之一：

选择“图层”>“智能对象”>“编辑内容”。

双击“图层”面板中的智能对象缩览图。

在“属性”面板中，单击“编辑内容”。

单击“确定”按钮，关闭该对话框。

对源内容文件进行编辑，然后选择“文件”>“存储”。

替换智能对象的内容

可以替换一个智能对象或多个链接实例中的图像数据，此功能使使用者能够快速更新可视设计，或将分辨率较低的占位符图像替换为最终版本。

当替换智能对象时，将保留对第一个智能对象应用的任何缩放、变形或效果。

选择智能对象，然后选择“图层”>“智能对象”>“替换内容”。导航到要使用的文件，然后单击“置入”，单击“确定”，新内容即会置入智能对象中。

将嵌入的或链接的智能对象转换为图层

将智能对象转换为常规图层的操作将按当前大小栅格化内容。仅当不再需要编辑智能对象数据时，才可将智能对象转换为常规图层。在对某个智能对象进行栅格化之后，应用于该智能对象的变换、变形和滤镜将不再可编辑。

选择智能对象，并选择“图层”>“智能对象”>“栅格化”。

如果要重新创建智能对象，请重新选择其原始图层并从头开始。新智能对象将不会保留应用于原始智能对象的变换。

导出嵌入的智能对象的内容

从“图层”面板中选择智能对象，然后选择“图层”>“智能对象”>“导出内容”。

选择智能对象内容的位置，然后单击“存储”。

Photoshop将以智能对象的原始置入格式（JPEG、AI、TIF、PDF或其他格式）导出智能对象。如果智能对象是利用图层创建的，则以PSB格式将其导出。

4.4 AI辅助制作：扩展图像画面

本案例利用裁剪工具的生成式扩展功能，对图像空白区域进行智能填充，再通过创成式填充消除地面影子，在天空添加热气球。目的是让学习者了解并掌握生成式扩展和创成式填充等AI辅助工具的使用方法，学会利用AI工具扩展图像画面、完善图像细节，提升图像的丰富度和视觉效果。

本案例素材位置：出版社官网/搜本书名/资源下载/案例素材/第4章/扩展图像画面。

▶ 微课视频 ◀

① 打开图像素材，在工具栏选择“裁剪工具”，拖动裁剪边框或者在“上下文任务栏”输入“宽×高×分辨率”，在任务栏中填充类型选择“生成式扩展”（图4-34）。

② 点击“生成式扩展”将对空白区域进行智能填充，在“属性”面板中选择效果最好的图像（图4-35）。

图4-34 调整裁剪框大小

图4-35 生成式扩展图像后

③ 点击任务栏✓或者按Enter键确认，在工具栏中选择“套索工具”将地面影子选中，点击“创成式填充”，即可消除影子（图4-36）。

图4-36　生成式扩展图像后

④ 现在天空中有点空旷，继续用“套索工具”选中天空（图4-37）。

图4-37　套索工具选中天空

⑤ 点击“创成式填充”，输入提示词“远处、近处有不同颜色的热气球”，点击生成后在“属性”面板选择最佳效果（图4-38）。

图4-38　生成热气球后的效果

拓展训练

拓展主题：复古胶片质感制作。

训练要求：利用本书提供的素材或者自行寻找相关素材，灵活运用PS中“滤镜库”“Camera Raw滤镜”等功能制作胶片质感，最终添加“色相/饱和度”完成复古效果。

素材位置：出版社官网/搜本书名/资源下载/案例素材/第4章/拓展训练 复古胶片。

步骤指导：

① 打开人物素材，右键单击背景图层，选择“转换为智能对象”，保护原始图像品质。

② 执行“滤镜”>“纹理”>“颗粒”，设置强度60、对比度30、颗粒类型“垂直”，添加胶片颗粒质感；再点击滤镜库底部“+”号，添加“艺术效果”>“海报边缘”，参数设为边缘厚度2、边缘强度3、海报化2。

③ 继续添加“Camera Raw滤镜”，在“效果”面板中设置晕影－40，模拟胶片暗角；双击滤镜名称可随时调整参数，对比不同效果。

④ 最后添加“色相/饱和度”调整图层（创建剪贴蒙版），降低饱和－15，完成复古胶片效果（图4-39）。

图4-39　复古胶片质感

第5章 色彩管理与调整

知识目标 ● 理解调整图层的概念、特性及与填充图层的区别。掌握亮度/对比度、色相/饱和度等常用调整工具的功能及参数含义。了解色彩平衡与照片滤镜的功能差异，掌握两者在修正色彩瑕疵、营造特定色调效果中的应用原理。

能力目标 ● 能够熟练创建、编辑调整图层，根据需求调整亮度、对比度、色相、饱和度等参数，实现图像基础色调调整。能够综合运用多种调整工具和技巧，完成特定风格化效果制作（如工笔色调、季节交替效果）。

素质目标 ● 培养严谨细致的操作习惯，提升创新思维能力，能够根据不同场景和需求，灵活组合调整工具，设计独特的色彩风格。提高审美素养，在调整图像色彩和色调时，能够把握色彩搭配的协调性，使最终效果符合视觉美感要求。

重点难点 ● 重点：调整图层的使用原理和方法。

难点：高级色彩调整的艺术表现力。

思维导图 ●

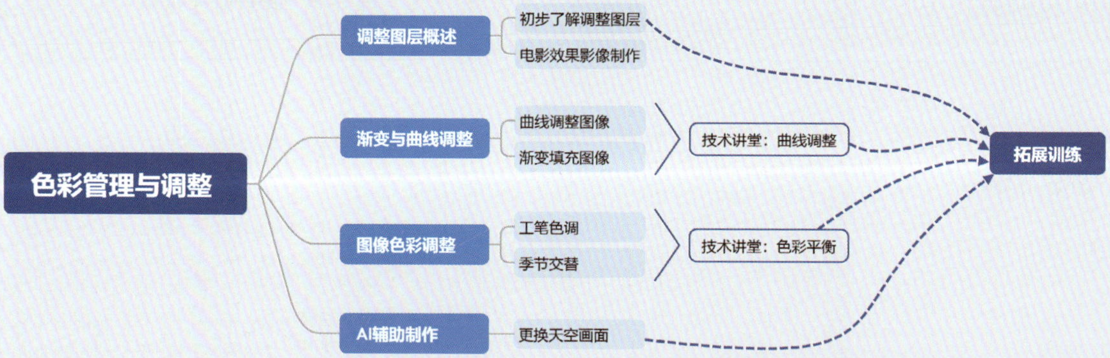

5.1 调整图层概述

调整图层可将颜色和色调调整应用于图像，而不会永久更改像素值。例如，创建“色阶”或“曲线”调整图层，而不是直接在图像上调整“色阶”或“曲线”。颜色和色调调整存储在调整图层中并应用于该图层下面的所有图层。可以通过一次调整来校正多个图层，而不用单独对每个图层进行调整，并可以随时扔掉更改并恢复原始图像。

可以用纯色、渐变色或图案填充图层，与调整图层不同，填充图层不影响它们下面的图层。

调整图层具有以下优点，编辑不会造成破坏，可以尝试不同的设置并随时重新编辑调整图层，也可以通过降低该图层的不透明度来减轻调整的效果。编辑具有选择性，在调整图层的图像蒙版上绘画可将调整应用于图像的指定区域。后续若重新编辑该图层蒙板，还能灵活控制图像中哪些部分应用该调整、哪些部分不应用。此外，在蒙板上使用不同灰度色调绘画时，还可改变调整效果的强度与作用范围。

能够将调整应用于多个图像。在图像之间拷贝和粘贴调整图层，以便应用相同的颜色和色调调整。调整图层具有许多与其他图层相同的特性，可以调整它们的不透明度和混合模式，并可以将它们编组以便将调整应用于特定图层。同样，也可以启用和禁用它们的可见性，以便应用或预览效果。

5.1.1 操作实战18：初步了解调整图层

本案例旨在让学习者初步认识调整图层，通过对素材进行亮度/对比度、色相/饱和度、色阶等调整，展示调整图层对下方图层的影响特性，以及如何利用图层蒙版实现局部调整，帮助理解调整图层的基本使用方法和优势。

本案例素材位置：出版社官网/搜本书名/资源下载/案例素材/第5章/操作实战18 初步了解调整图层。

① 打开“调整图层”素材，在“图层”面板选中“皮卡”图层，单击“创建新的填充或调整图层”按钮，选择亮度/对比度并将亮度数值调为50（图5-1）。

▶ 微课视频 ◀

② “皮卡”图层上的所有内容现在都更亮了，但云朵没有变亮。这是因为调整图层只会影响它下面的图层，而不会影响它上面的图层，单击鼠标左键将亮度/对比度，调整图层至最上层（图5-2）。

③ 选中“皮卡”图层，在工具栏选择“矩形选框工具”将左侧红墙选中，创建“色相/饱和度调整图层”，色相数值调整为－150，红墙就变成了蓝墙（图5-3）。

④ 在工具栏选择“画笔工具”调整至适合大小，设置前景色为白色，选择“色相/饱和度”调整图层右侧的图层蒙版，将图中的窗帘进行绘制，窗帘将变为蓝紫色（图5-4）。

图5-1 亮度/对比度参数设置

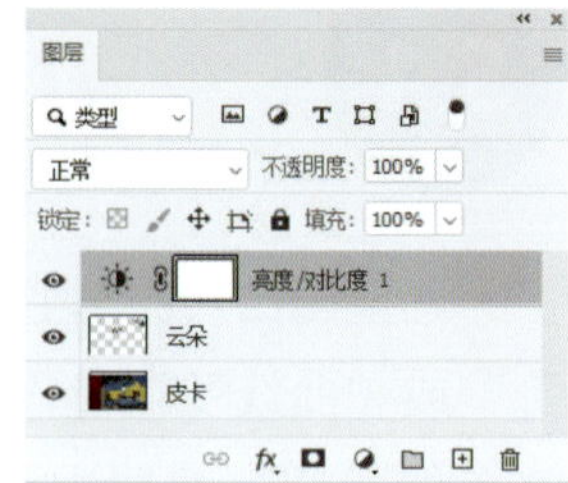

图5-2 调整图层顺序

⑤ 在工具栏选择“快速选择工具”将树枝和天空选中，创建“色阶调整图层”，向左调整灰色数值，将选区内图像提亮（图5-5）。

图5-3 变成蓝墙的效果

图5-4 窗帘变色的效果

图5-5 调整后的效果

5.1.2 操作实战19：电影效果影像制作

本案例主要是通过对素材添加可选颜色调整图层，分别调整中性色、红色、黄色、黑色等参数，再结合自然饱和度调整，使图像呈现出具有电影感的色调效果（如蓝色调、合适对比度及肤色还原等），让学习者掌握多种调整工具组合使用营造特定风格的技巧。

本案例素材位置：出版社官网/搜本书名/资源下载/案例素材/第5章/操作实战19 电影效果影像制作。

① 打开“电影效果影像”素材，在“图层”面板中“添加可选颜色调整图层”，模式选择绝对（图5-6）。

微课视频

② 在颜色设置中选择中性色，将“青色”滑块的位置设在+10，并将“黄色”滑块的位置设在−10，将“黑色”滑块拖动至+5，图像中产生了蓝色色调和更强的对比度（图5-7）。

③ 在颜色设置中选择红色，将“青色”滑块的位置设在−10，并将“黄色”滑块的位置设在+10，减少青色并增加带有红色的黄色能够还原原始肤色（图5-8）。

④ 在颜色设置中选择黄色，将“青色”滑块拖动到−15，并将“洋红”滑块拖动到+10。这样可增加更多暖度（图5-9）。

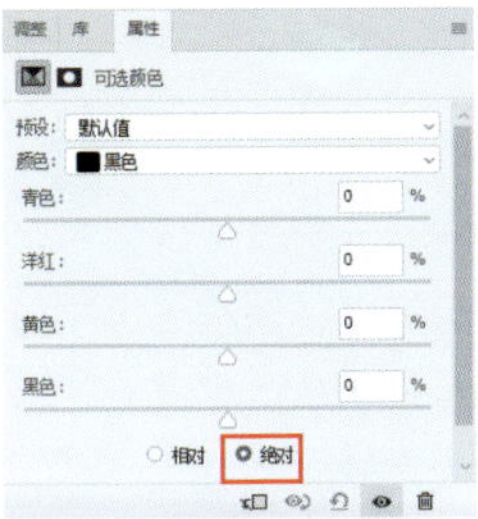

图5-6　添加可选颜色调整图层

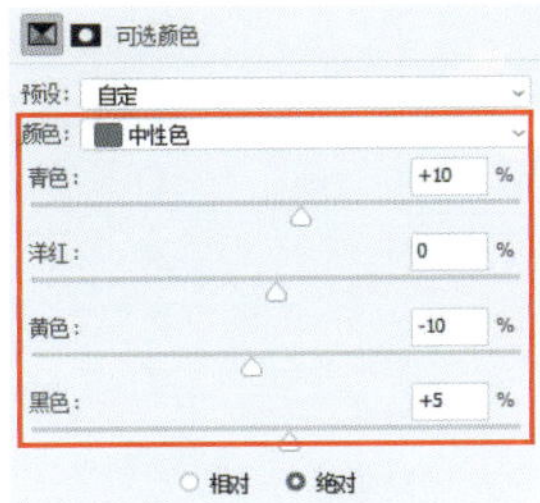

图5-7　可选颜色参数设置1

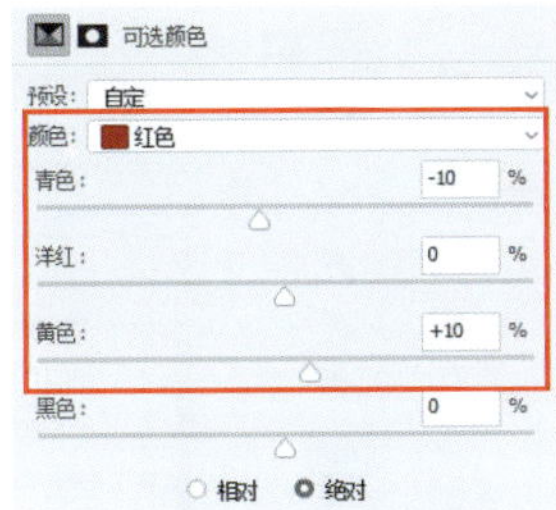

图5-8　可选颜色参数设置2

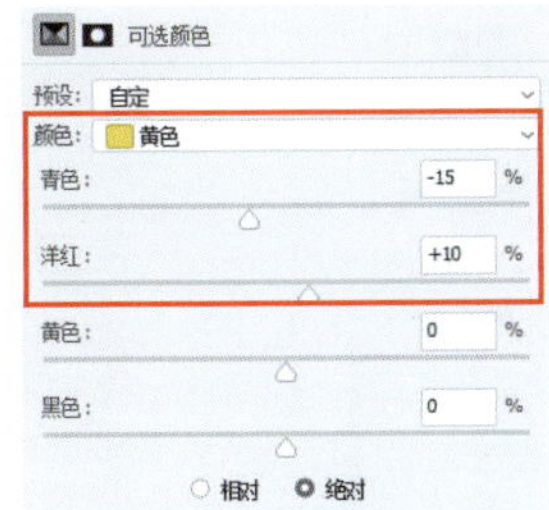

图5-9　可选颜色参数设置3

⑤ 在颜色设置中选择“黑色”，将“黑色”滑块拖动到+5，以在图像中增加更多对比度（图5-10）。

⑥ 添加“自然饱和度调整图层”，将自然饱和度数值调整为+35（图5-11）。

⑦ 调整前后效果对比（图5-12）。

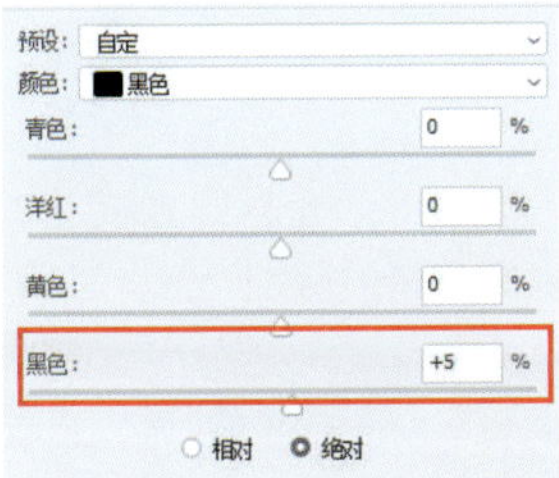

图5-10　可选颜色参数设置4

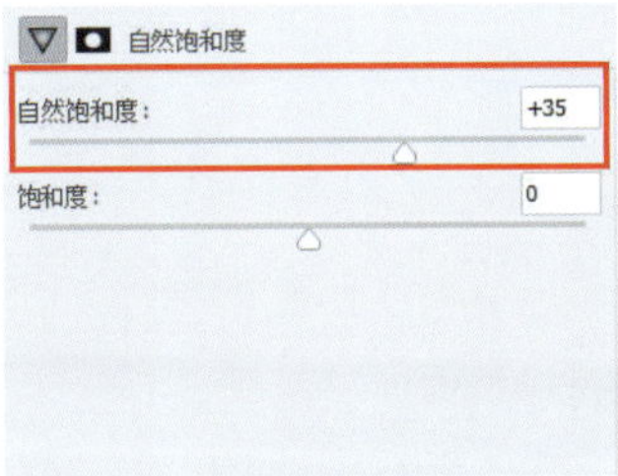

图5-11　可选颜色参数设置5

图5-12　调整前后效果对比

5.2 渐变与曲线调整

5.2.1 操作实战20：曲线调整图像

本案例通过曲线调整图层中红、绿、蓝通道，分别添加锚点并设置输入输出值，调整图像的色调，最终使图像呈现温暖的沙漠氛围感，目的是让学习者掌握利用曲线工具调整不同通道以改变图像色调的方法。

本案例素材位置：出版社官网/搜本书名/资源下载/案例素材/第5章/操作实战20 曲线调整图像。

▶ 微课视频 ◀

① 打开“曲线调整图像”素材，添加“曲线调整图层”，选择红色并增加锚点，设置输入数值62、输出数值72（图5-13）。

② 接下来选择绿色并增加锚点，设置输入数值79、输出数值73（图5-14）。

③ 接下来选择蓝色并增加锚点，设置输入数值78、输出数值57（图5-15）。

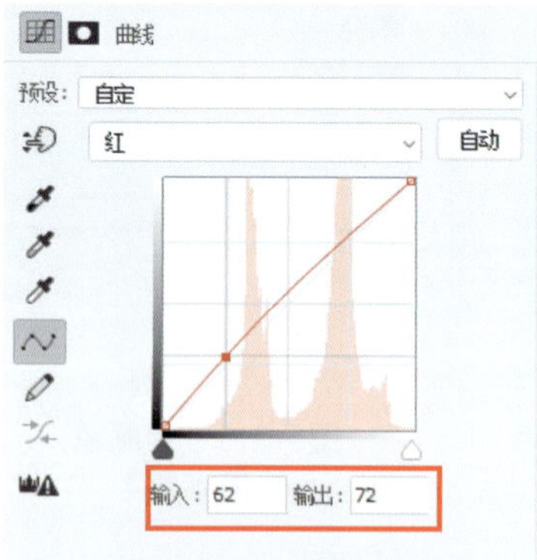

图5-13　曲线调整参数设置1

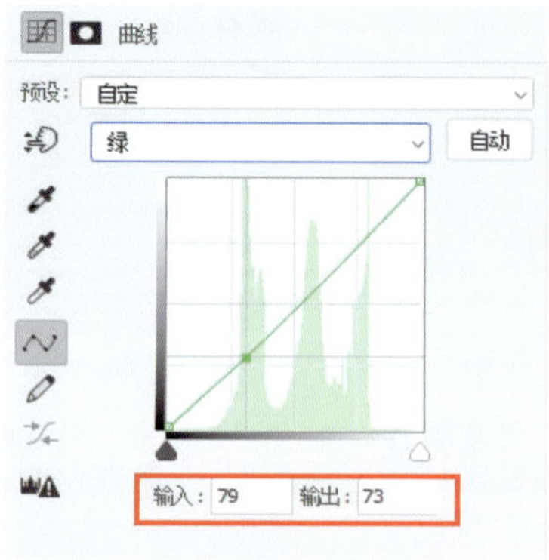

图5-14　曲线调整参数设置2

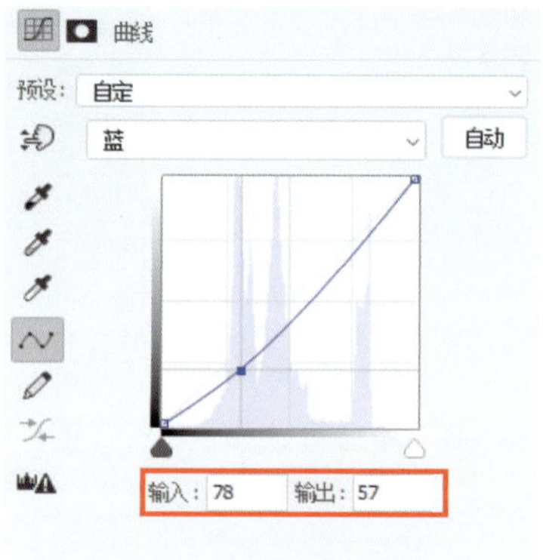

图5-15　曲线调整参数设置3

④ 经过曲线的调整，图像增加了温暖的沙漠氛围感，曲线调整前后效果对比（图5-16）。

图5-16　曲线调整前后效果对比

5.2.2 操作实战21：渐变填充图像

本案例通过给素材添加红蓝渐变填充调整图层，修改混合模式，结合盖印、复制图层、添加图层样式、自由变换及风滤镜等操作，制作出图像故障效果，旨在让学习者熟悉渐变填充与多种图层操作、滤镜结合的应用，掌握特殊效果的制作技巧。

本案例素材位置：出版社官网/搜本书名/资源下载/案例素材/第5章/操作实战21 渐变填充图像。

① 打开“渐变填充图像”素材，添加“渐变填充调整图层”，填充线性红蓝渐变，蓝色色标为3018dc，红色色标为d91412（图5-17）。

② 将“渐变填充调整图层”混合模式修改为叠加，然后盖印当前图像，盖印快捷键Ctrl+Shift+Alt+E，盖印后生成图层1（图5-18）。

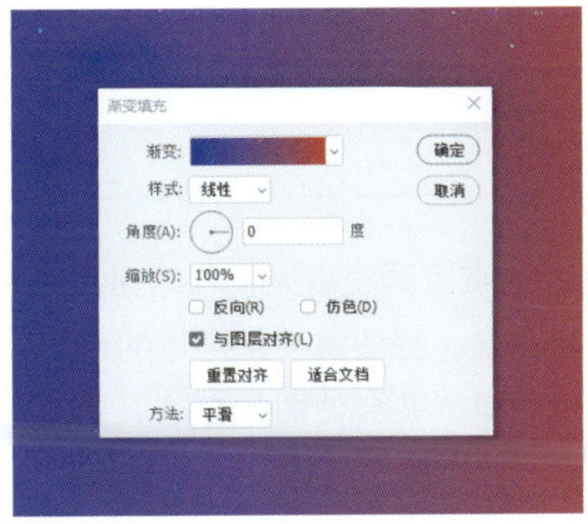

图5-17 红蓝渐变填充设置

▶ 微课视频 ◀

③ 复制图层1得到图层1拷贝，给图层1拷贝添加图层样式，将红色通道的勾选去掉（图5-19）。

图5-18 盖印图像后效果

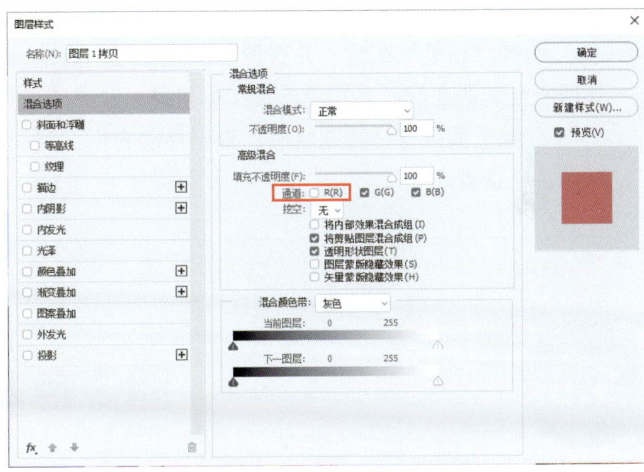

图5-19 图层样式参赛设置

④ 选中图层1拷贝图层，执行自由变换（快捷键Ctrl+T）命令，选择键盘方向键向左移动8个像素，单击Enter键得到图像偏移效果（图5-20）。

⑤ 为进一步增强图像故障效果，选择“菜单栏”>“滤镜”>“风格化”>“风”，设置方法为风，方向为从右，得到图像故障最终效果（图5-21），如果要加强风的效果可以执行快捷键Ctrl+F。

图5-20 图像偏移效果

图5-21 图像故障最终效果

技术讲堂：曲线调整

移动曲线顶部的点可调整高光，移动曲线中心的点可调整中间调，而移动曲线底部的点可调整阴影。要使高光变暗，将曲线顶部附近的点向下移动。将点向下或向右移动会将“输入”值映射到较小的“输出”值，并会使图像变暗。要使阴影变亮，将曲线底部附近的点向上移动。将点向上或向左移动会将较小的“输入”值映射到较大的“输出”值，并会使图像变亮。

执行下列任一操作以修改调整：

将更多的点直接添加到曲线以调整不同的色调区域。

在图像的其他区域中单击图像调整工具，并且上下拖动。

移动黑场滑块和白场滑块，或使用吸管工具指定图像的最暗值和最亮值。

单击曲线上的某个点，然后在“输入”和“输出”文本框中输入数值。

选择“铅笔”图标，并在现有曲线上绘制新曲线。完成后，单击“平滑曲线值”图标，平滑处理所绘制的曲线。多次单击该图标可进一步平滑曲线。

曲线上的点保持锚定状态，直到移动它们。可以在不影响其他区域的情况下，在某个色调区域中进行调整。

5.3 图像色彩调整

5.3.1 操作实战22：工笔色调应用

该案例通过创建纯色填充调整图层调整色调，添加纹理增强质感，结合可选颜色、色相/饱和度调整图层优化画面，并导入工笔画框，最终制作出符合工笔风格的图像效果，帮助学习者综合运用多种调整工具实现特定艺术风格。

本案例素材位置：出版社官网/搜本书名/资源下载/案例素材/第5章/操作实战22 工笔色调应用。

① 打开“工笔色调应用”素材，新建“纯色填充调整图层”，并填充颜色R157、G137、B105，将图层混合模式改为正片叠底，图像添加复古色彩效果（图5-22）。

② 现在整个图像色调偏暗，复制图层颜色填充1得到颜色填充1拷贝，将图层的混合模式改为滤色，图层的不透明度改为33%（图5-23）。

微课视频

③ 下面给图像增加布面纹理，在“颜色填充1拷贝”图层添加图层样式，选择斜面和浮雕并勾选纹理，在纹理图案中选择导入缎面织物图案，设置缩放数值为45、深度为110（图5-24）。

④ 下面继续提亮画面，新建“可选颜色调整图层”，数值不做任何更改，将图层混合模式改为柔光，复制当前调整图层，将图层的不透明度降低为45%（图5-25）。

图5-22　图像添加复古色彩效果

图5-23　图像调色后的效果

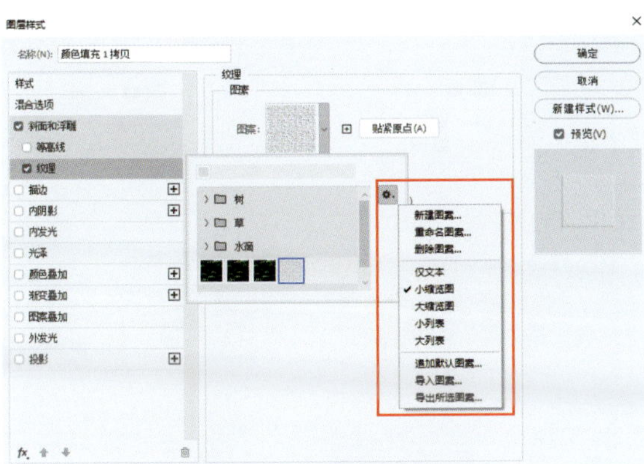

图5-24　纹理参数设置

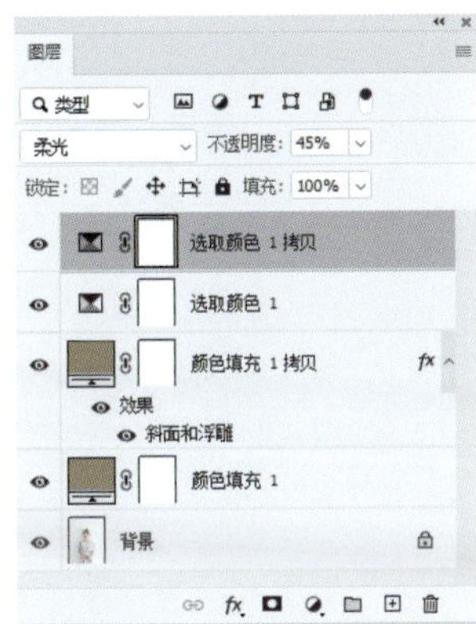

图5-25　图像调亮后效果

⑤ 在“图层”面板中新建“色相/饱和度调整图层”，将饱和度降低为－50，使得整个画面更符合工笔风格色调（图5-26）。

⑥ 导入工笔画框素材，形成工笔色调最终的效果（图5-27）。

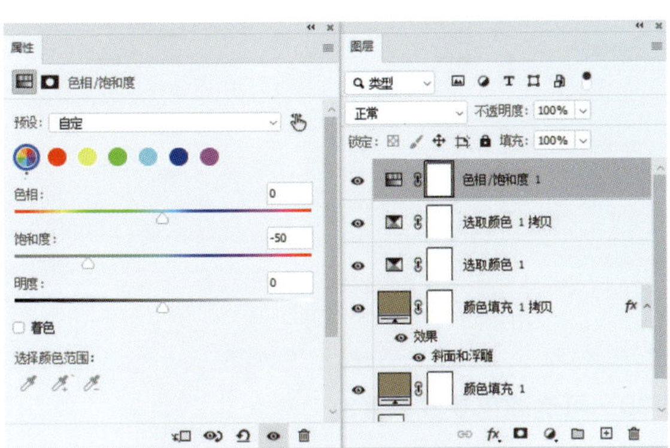

图5-26　色相/饱和度参数设置

图5-27　工笔色调最终效果

5.3.2 操作实战23：季节交替

本案例针对“季节交替”素材，通过多次创建可选颜色调整图层调整黄、绿、红等颜色的参数，结合曲线、色彩平衡、色相/饱和度调整，将夏季景象调整为秋季效果，让学习者掌握通过色彩调整实现季节风格转换的原理和方法。

本案例素材位置：出版社官网/搜本书名/资源下载/案例素材/第5章/操作实战23 季节交替。

① 打开“季节交替”素材，在“图层”面板中添加“创建颜色调整图层”，分别将黄色、绿色参数进行更改，把素材的部分绿色转换成橙黄色（图5-28）。

② 再次创建“可选颜色调整图层”，同样对黄色、绿色进行调整，参数如图5-29所示，把图片中的橙黄色转为橙红色。

▶ 微课视频 ◀

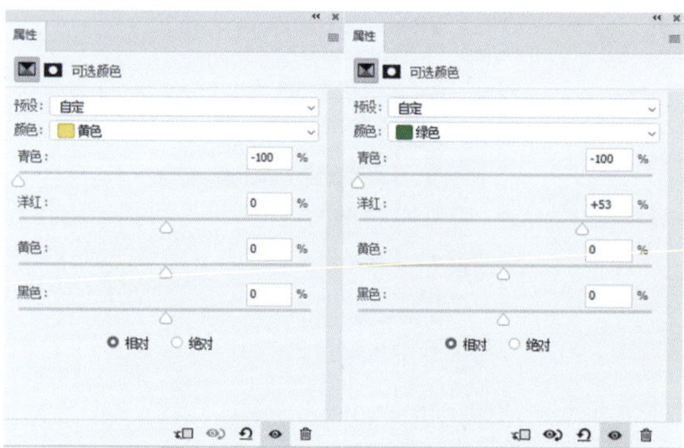

图5-28　可选颜色参数设置1

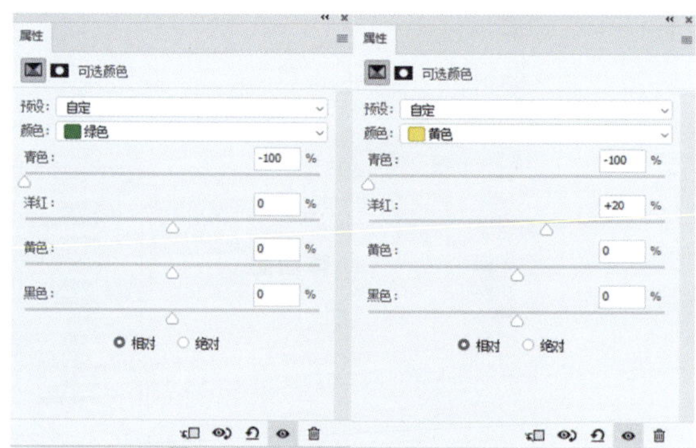

图5-29　可选颜色参数设置2

③ 再次创建“可选颜色调整图层”，对红色、黄色、白色、中性色进行调整，参数设置如图5-30所示，通过操作可以将图像中增加橙红色。

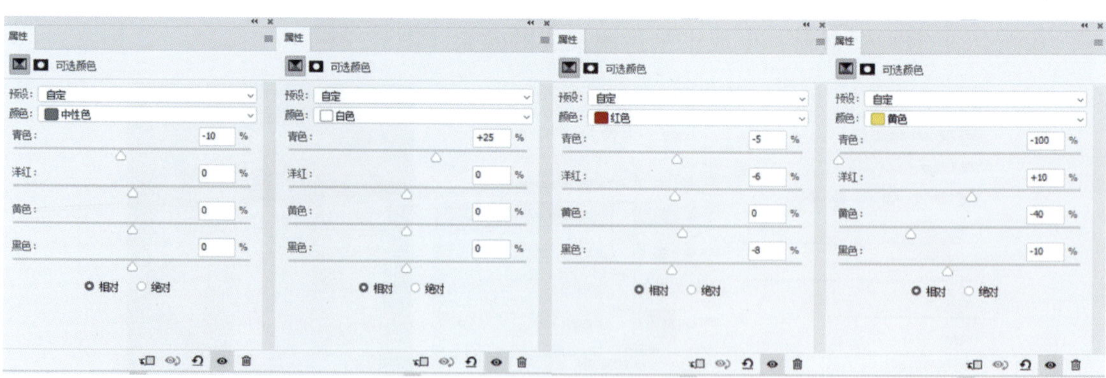

图5-30　可选颜色参数设置3

④ 添加“曲线调整图层”，对RGB中红色、蓝色通道进行调整，参数设置如下（图5-31）此步骤可以把暗部颜色提亮并增加蓝色；复制曲线调整层，将图层的不透明度改为30。

⑤ 创建“色彩平衡调整图层”，对阴影、高光进行调整，给图片高光部分增加淡蓝色（图5-32）。

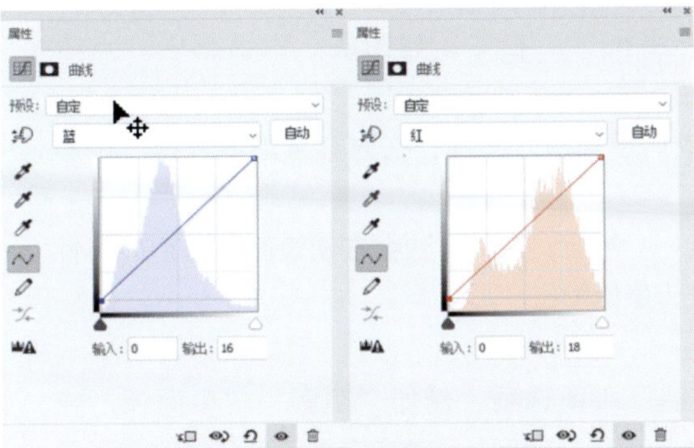

图5-31　曲线调整参数设置

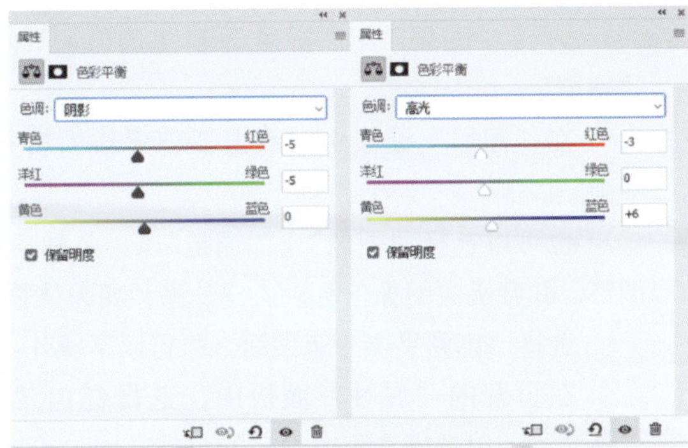

图5-32　色彩平衡参数设置

⑥ 创建“色相饱和度调整图层”，对黄色进行调整，参数设置如图5-33所示，可以减少图片中的黄色。

⑦ 夏季的景象被调整为秋季，季节交替对比（图5-34）。

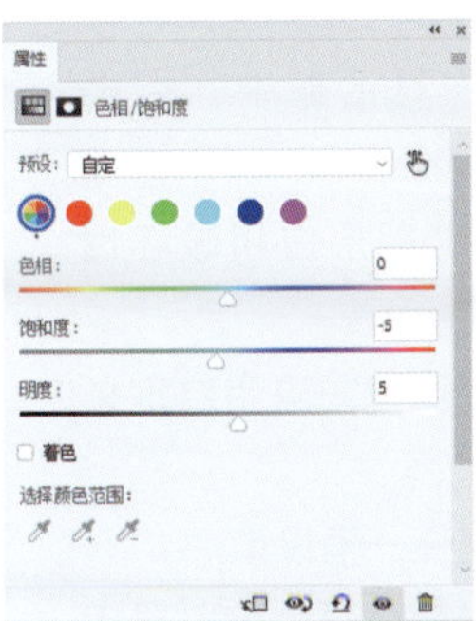

图5-33　色相饱和度参数设置

图5-34　季节交替对比图

技术讲堂：色彩平衡

色彩平衡不仅可以修正影像中的色彩瑕疵，还可以更改复合影像中的整体颜色组合，营造戏剧化效果。也可以选择使用“照片滤镜”，将色相调整成果应用到影像。当使用“照片滤镜”调整时，Photoshop会模拟在相机镜头前装上彩色滤镜的技术，调整色彩平衡以及光线色温。这里所说的光线是指通过镜头传入的光线，也就是使照片曝光的光线。将“色彩平衡”和“照片滤镜”应用为调整图层是一种更灵活的编辑手法，可以借此重新调整设置、建立图层蒙版以影响局部影像，并保护原始影像免受直接变更的影响。

• 在Photoshop中，可以从以下任一位置访问色彩平衡调整选项：

在“调整”面板中，点击“色彩平衡”图标。

选择“图层”>“新建调整图层”>“色彩平衡”。在“新建图层”对话框中，点击“确定”。

在“图层”面板中，点击“创建新的填充或调整图层”图标，在内容菜单中选择“色彩平衡”。

也可以选择“图像”>“调整”>“色彩平衡”。然而，这种方法会在图像图层应用破坏性调整，并会丢失图像信息，这样一来，将无法恢复为原始图像。

选择“色彩平衡”选项后，执行以下操作：

在打开的“属性”面板中，选择任何“色调”平衡选项，例如“阴影”“中间调”或“高光”，以选择要集中编辑的色调范围。可以选择“保持明度”，避免在更改颜色时改变了图像的明度值。系统会默认启用此选项，以保持图像的整体色调平衡。将“青色/红色”“洋红色/绿色”或“黄色/蓝色”滑块移向要添加到图像中的颜色；拖动滑块，远离要从图像中去除的颜色。滑块上方的数值显示红色、绿色和蓝色通道的颜色变化。这些数值的范围在－100到＋100之间。在移动滑块时可以直接查看应用到图像的调整。

• 使用“照片滤镜”更改色彩平衡。可以从以下任一位置访问“照片滤镜”选项：

在“调整”面板中，点击“照片滤镜”图标。

选择“图层”>“新建调整图层”>“照片滤镜”。在“新建图层”对话框中，点击“确定”。

可以选择“图像”>“调整”>“照片滤镜”。然而，这种方法会在图像图层应用破坏性调整，并会丢失图像信息，这样一来将无法恢复为原始图像。

• 选择“照片滤镜”选项后，在打开的“属性”面板中，可以选择预设的滤镜或应用自定义的颜色滤镜。

滤镜：若要选择预设滤镜，选择“滤镜”选项，并从下拉菜单中选择下列任一预设值。

颜色：若要选择自定义滤镜，选择“颜色”选项。点击色块，然后使用Adobe颜色拾取器指定自定义颜色滤镜的颜色。

使用“密度”滑块，或在“密度”框中手动输入百分比，调整应用到图像上的色彩量。较高的浓度会产生较大幅度的色彩调整。

选择“保持明度”，避免在更改颜色时，改变了图像的明度值。系统会默认启用此选项，以保持图像的整体色调平衡。

点击“预览”即可查看图像上的编辑效果。点击“确定”即可应用更改，点击“取消”可退出“照片滤镜”对话框。

5.4 AI辅助制作：更换天空画面

本案例通过使用Photoshop的“天空替换”功能，对素材进行天空更换，调整移动边缘、渐隐边缘、亮度、色温等参数，实现天空的替换效果，目的是让学习者了解并掌握AI辅助下天空替换的操作及相关参数设置。

本案例素材位置：出版社官网/搜本书名/资源下载/案例素材/第5章/更换天空画面。

① 打开“更换天空”素材，选择“菜单栏”>“编辑”>“天空替换”（图5-35）。

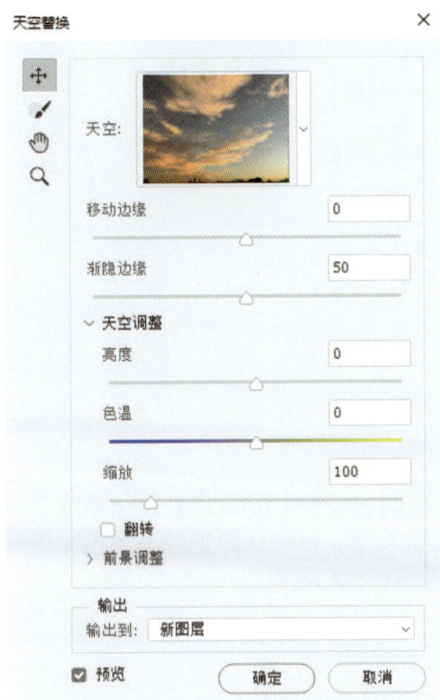

图5-35 天空替换面板

▶ 微课视频 ◀

② 更换天空前后效果对比（图5-36）。

图5-36 更换天空前后效果对比

更换天空面板设置（图5-37）。

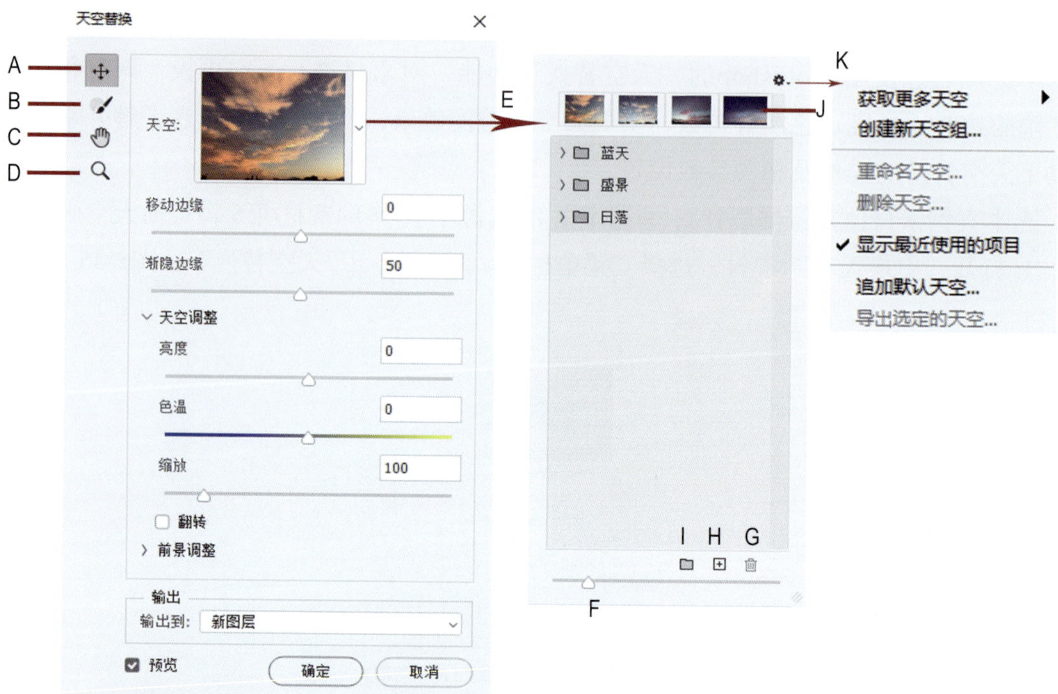

A—天空移动工具；B—天空笔刷；C—手形工具；D—缩放工具；E—管理天空预设集；F—预设集预览缩放；G—删除天空；H—从影像读入天空；I—建立新的天空群组；J—最近使用的天空；K—天空预设集菜单

图5-37 更换天空面板设置

- 调移边缘：判断天空与原始影像之间边界开始的位置。
- 淡化边缘：设定从天空影像到原始相片沿着边缘的淡化或羽化量。
- 亮度：调整天空的亮度。
- 温度：调整天空的温度，使其看起来更温暖或更寒冷。
- 缩放：调整天空影像的尺寸。
- 翻转：水平翻转天空影像。
- 光源模式：决定调整光源时要使用的混合模式。
- 前景光线：用来设定前景的对比，设为零将不会有任何调整。
- 边缘光线：在天空影像中，此滑杆可控制套用至物件边缘的光线调整，设为零将不会有任何调整。
- 颜色调整：此不透明度滑杆可决定前景与天空颜色的调和程度，设为零将不会有任何调整。
- 输出：选取是否要将影像的变更项目置于新图层（已命名的“更换天空”群组）或复制图层（单一平面化图层）。

拓展训练

拓展主题：素描风格照片制作。

训练要求：利用本书提供的素材或者自行寻找相关素材，灵活运用PS中的“图像调整”“滤镜”等功能，完成素描风格图片制作。

素材位置：出版社官网/搜本书名/资源下载/案例素材/第5章/拓展训练 素描风格。

步骤指导：

① 导入照片进行去色，复制图层并进行反相。

② 选择“滤镜”>“其它”>“最小值”菜单命令，增加图像线条。

③ 添加图层样式，“混合颜色带”选择“灰色”，按住Alt键，用鼠标拖动“下一图层”色带的深色色标右半部分到合适位置。

④ 盖印图层，选择“滤镜”>“杂色”>“添加杂色”菜单命令。

⑤ 选择“滤镜”>“模糊”>“动感模糊”菜单命令，完成素描效果照片（图5-38）。

图5-38 素描风格照片效果

第6章 滤镜与特效

知识目标 ● 掌握滤镜的基本概念、分类及在Photoshop中的调用方式；理解不同滤镜的参数含义及调整原理；了解神经网络滤镜的工作原理；熟悉增效工具和外挂滤镜的安装方法、管理方式及使用场景。

能力目标 ● 能够熟练进行滤镜的基本操作，掌握Camera Raw滤镜的综合应用，能够运用智能滤镜进行创作，掌握神经网络滤镜的使用方法，学会安装和管理增效工具及外挂滤镜。

素质目标 ● 培养严谨细致的工作态度，提升创新思维和创意表达能力，增强自主学习和问题解决能力，树立规范操作意识，遵循滤镜应用的规则，养成良好的图像处理习惯。

重点难点 ● 重点：神经网络滤镜的功能应用。

难点：Camera Raw滤镜中曝光、对比度、高光等参数的协同调整。

思维导图 ●

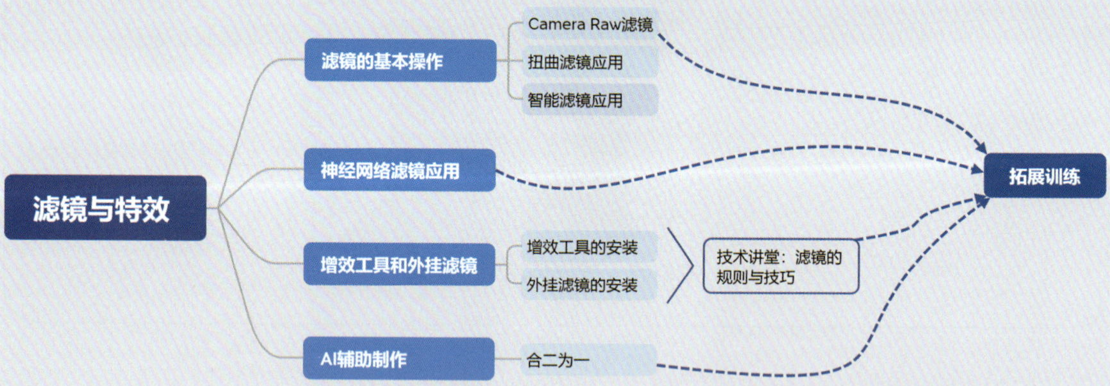

6.1 滤镜的基本操作

6.1.1 操作实战24：Camera Raw滤镜

本案例旨在通过对二次元素材进行一系列滤镜处理，综合运用裁剪工具、多种滤镜（如干画笔、油画、Camera Raw等）以及图层操作，最终制作出具有独特艺术效果的二次元场景。目的是让学习者掌握Camera Raw滤镜的参数调整（包括曝光、对比度、高光等）、其他艺术滤镜的应用方法，以及图层解锁、素材添加等基础操作，熟悉滤镜在图像风格化处理中的综合应用。

▶ 微课视频 ◀

本案例素材位置：出版社官网/搜本书名/资源下载/案例素材/第6章/操作实战24 Camera Raw滤镜。

① 打开“Camera Raw滤镜”素材图片，如果是用其他素材，则需选择高质量图像，在工具栏选择“图像裁剪工具”，设置裁剪比例为16：9，按下Enter键确定（图6-1）。

② 选择“菜单栏”＞“滤镜”＞“滤镜库”＞“艺术效果”＞“干画笔”，设置画笔大小为0，画笔细节为10，纹理为1（图6-2）。

图6-1　素材进行裁剪

图6-2　滤镜面板参数设置

③ 再次选择“菜单栏”＞“滤镜”＞“风格化”＞“油画”，设置画笔描边样式为0.2，描边清洁度为3，缩放为6，硬毛刷细节为0，光照角方向和闪亮为0（图6-3）。

④ 选择“菜单栏”＞“滤镜”＞“Camera Raw滤镜”，将基本设置中“亮”栏目曝光增加至+1.1、对比度降低为－32、高光增加至+48、阴影和黑色增加至+100，“效果”中清晰度增加至+79，“颜色”中自然饱和度增加至+73（图6-4）。

⑤ 进行Camera Raw滤镜细节调整，将锐化的数值调整为150（图6-5）。

⑥ 继续调整图像，选择混色器模块调整HSL，在色相中设置绿色数值为+16、浅绿色数值为+8，使画面更加鲜艳（图6-6）。

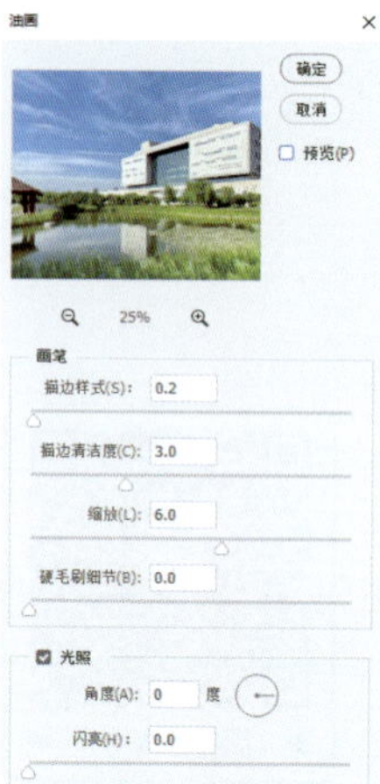

图6-3　油画面板参数设置

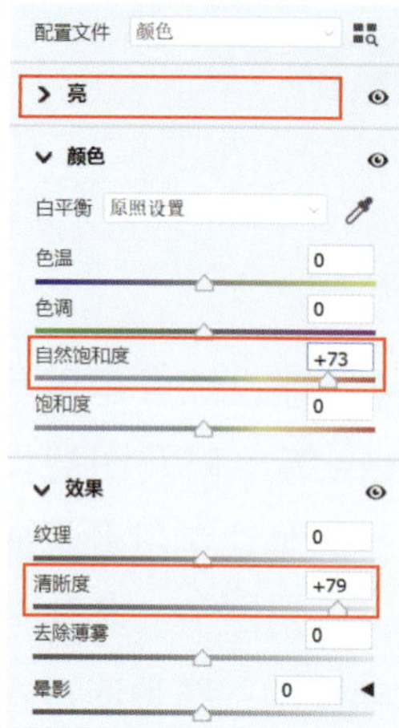

图6-4　Camera Raw滤镜参数设置

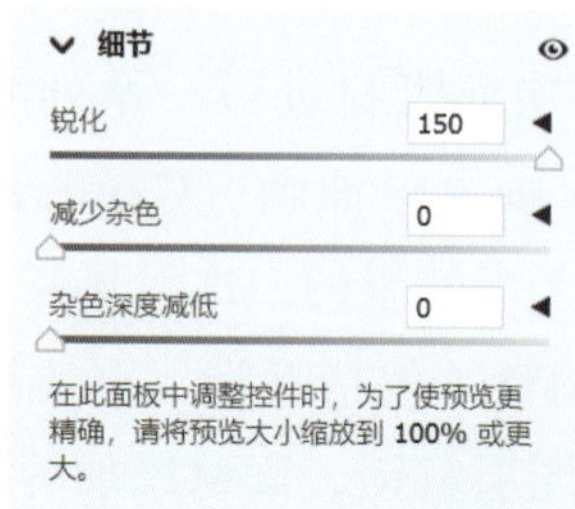

图6-5　Camera Raw滤镜细节面板参数设置

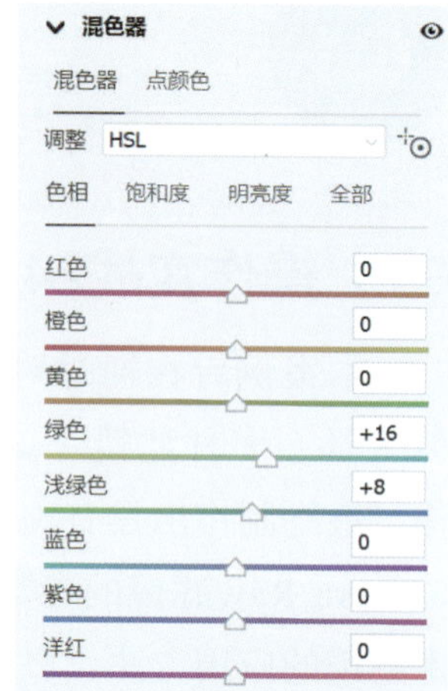

图6-6　Camera Raw滤镜中HSL/灰度面板参数设置

⑦ 在“图层”面板中双击素材图层进行解锁，在工具栏选择“魔术棒工具”，选取背景天空并删除，导入二次元云朵素材并置于底层，添加云朵素材后的效果如图6-7。

⑧ 选择“菜单栏”>“滤镜”>“渲染”>“镜头光晕”，选择50～300毫米变焦，增加画面中光感，最终效果如图6-8。

图6-7　添加云朵素材后的效果

图6-8　二次元场景最终效果

提示

对于低于Photoshop 23.2的版本，如果油画滤镜被禁用，可检查计算机是否支持OpenCL v1.1或更高版本。在配有AMD图形处理器且运行Mac OS X 10.11及更高版本的计算机上，可以将Apple的Metal图形加速框架与油画滤镜结合使用。按以下步骤进行操作：①选择“首选项”>“性能”；②确保已选中使用图形处理器；③打开高级图形处理器设置对话框；④选择使用本机操作系统的GPU加速。

6.1.2 操作实战25：扭曲滤镜应用

本案例将利用“扭曲滤镜素材”，通过径向模糊、旋转扭曲等扭曲类滤镜，结合图层创建、剪贴蒙版、色相饱和度调整及图层样式添加（如斜面和浮雕、内发光等），制作出类似棒棒糖的创意图像。目的是使学习者掌握扭曲滤镜的参数设置和应用技巧，理解图层间的关系（如剪贴蒙版），以及图层样式对图像效果的修饰作用，提升对滤镜创意应用的能力。

本案例素材位置：出版社官网/搜本书名/资源下载/案例素材/第6章/操作实战25 扭曲滤镜应用。

▶ 微课视频 ◀

① 打开“扭曲滤镜应用”素材，选择“菜单栏”>“滤镜”>“模糊”>“径向模糊”，将数量设置为100、模糊方法为缩放、品质为好（图6-9）。

② 选择“菜单栏”>“滤镜”>“扭曲”>“旋转扭曲”，将角度设置为785度（图6-10）。

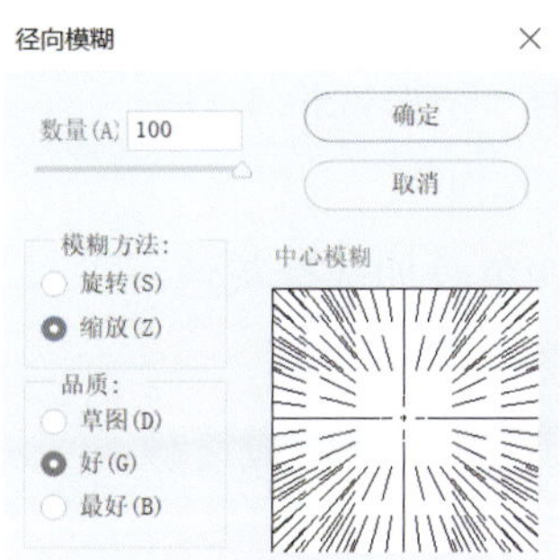

图6-9 径向模糊参数设置

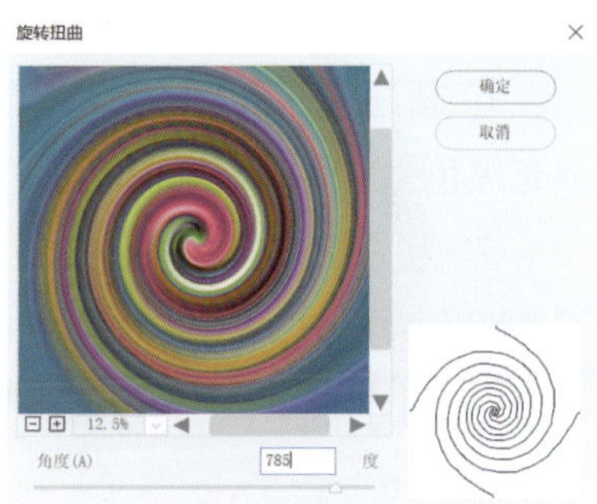

图6-10 旋转扭曲参数设置

③ 新建图层1，在工具栏选择“椭圆选框工具”绘制正圆，并填充黑色，将图层1放置在图层0的下面，单击鼠标右键创建剪贴蒙版（图6-11）。

图6-11 创建剪贴蒙版

④ 在“图层”面板中“添加色相饱和度调整图层”，将色相降低为－25，饱和度设为+25，明度为+10，单击鼠标右键选择“创建剪贴蒙版”（快捷键Alt+Ctrl+G）（图6-12）。

⑤ 双击图层1，添加斜面和浮雕样式，设置深度为1000%，方向为下，大小为5，软化为10，角度为117，高度为37，更改光泽等高线，设置不透明度为100%，阴影颜色为红色，具体参数如图6-13所示。

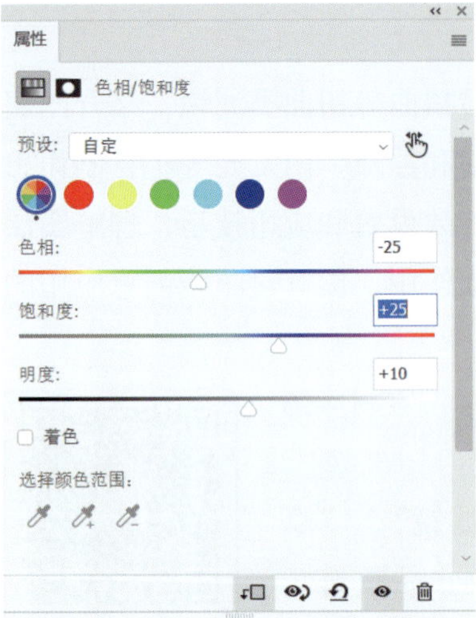

图6-12　色相饱和度参数设置

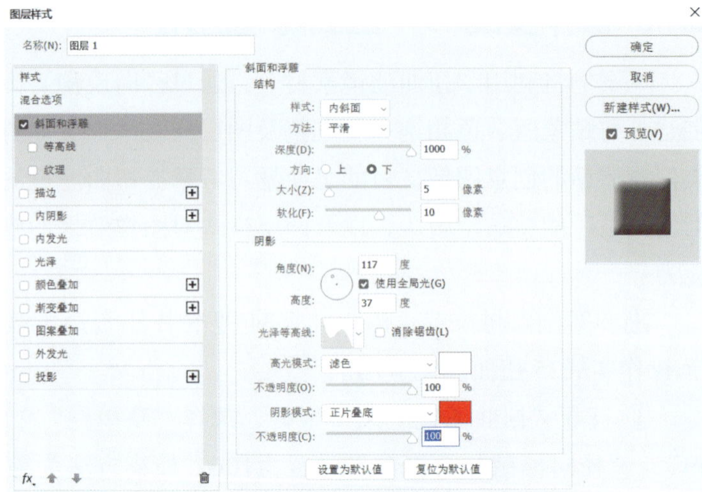

图6-13　斜面和浮雕参数设置

⑥ 新建图层2，在工具栏选择“矩形选框工具”填充黑色，为棒棒糖绘制把手（图6-14）。

⑦ 为图层2添加图层样式，颜色叠加选择灰色，不透明度为100%，添加内发光（图6-15）。

⑧ 创建新图层并填充背景颜色，得到最终效果（图6-16）。

图6-14　绘制把手

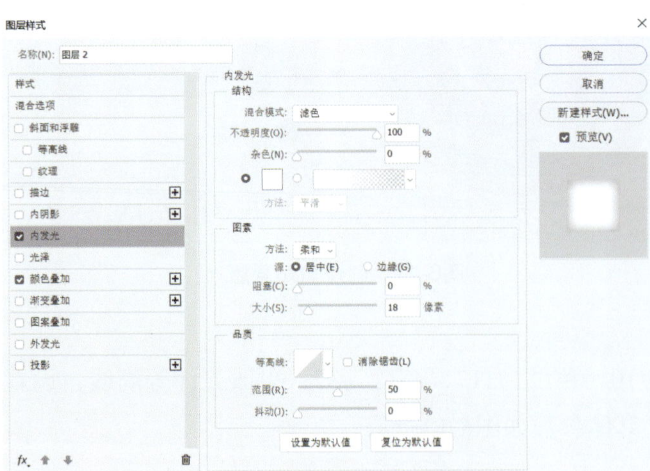

图6-15　内发光参数设置

图6-16　最终效果

6.1.3 操作实战26：智能滤镜应用

本案例使用“智能滤镜应用”素材，通过创建智能对象，应用一系列智能滤镜（如云彩、喷色描边、喷溅、干画笔等），结合USM锐化、文字工具、图层蒙版、画笔工具及图层样式调整，制作出水彩风格的文字效果。目的是让学习者掌握智能滤镜的创建、编辑和管理方法，理解智能对象的特性（非破坏性编辑），学会将滤镜效果与文字结合，提升利用智能滤镜进行创意设计的能力。

本案例素材位置：出版社官网/搜本书名/资源下载/案例素材/第6章/操作实战26 智能滤镜应用。

① 打开“智能滤镜应用”素材，新建一个图层并置于最上面，填充颜色为#d63965并修改图层名称为“水彩”，单击鼠标右键转换为智能对象，然后将背景色还原为白色（图6-17）。

② 利用滤镜功能营造水彩效果，选择“菜单栏”>“滤镜”>“渲染”>“云彩”（图6-18）。

▶ 微课视频 ◀

图6-17　新建图层设置

图6-18　渲染云彩后效果

③ 创建“水彩”图层所需要的一系列智能滤镜。选择“菜单栏”>“滤镜”>“滤镜库”>“画笔描边”>“喷色描边”选项，设置“描边长度”为12，“喷色半径”为7，“描边方向”为“右对角线”。创建新的滤镜前先单击右下角的“新建效果图层”按钮，然后选择“画笔描边”>“喷溅”选项，设置“喷色半径”为10，“平滑度”为5；选择“艺术效果”>“干画笔”选项，设置“画笔大小”为2，“画笔细节”为8，“纹理”为1；选择“艺术效果”>“底纹效果”选项，设置“画笔大小”为40，“纹理覆盖”为40，“纹理”为“画布”，“缩放”为100%，“凸现”为4，“光照”为“上”；选择“艺术效果”>“干画笔”选项，设置“画布大小”为10，“画布细节”为10，“纹理”为1。单击“确定”按钮，完成智能滤镜的设置（图6-19）。

④ 选择USM锐化，通过增加图像边缘的对比度来锐化图像。选择“菜单栏”>“滤镜”>“锐化”>“USM锐化”，设置参数数量55%，半径5像素，阈值0色阶（图6-20）。

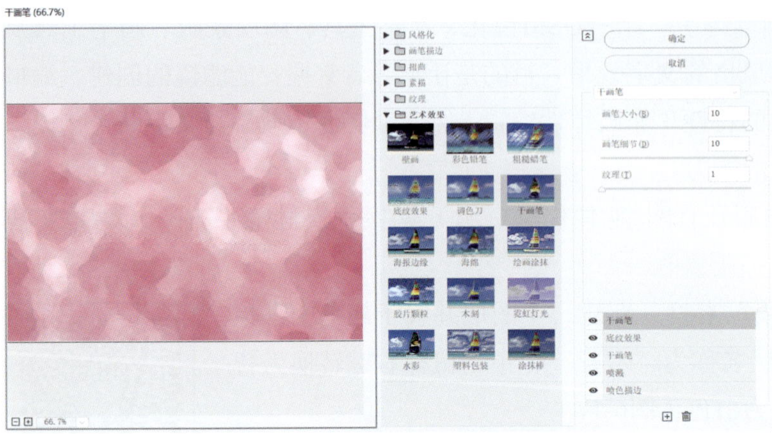

图6-19 “滤镜”面板的参数设置

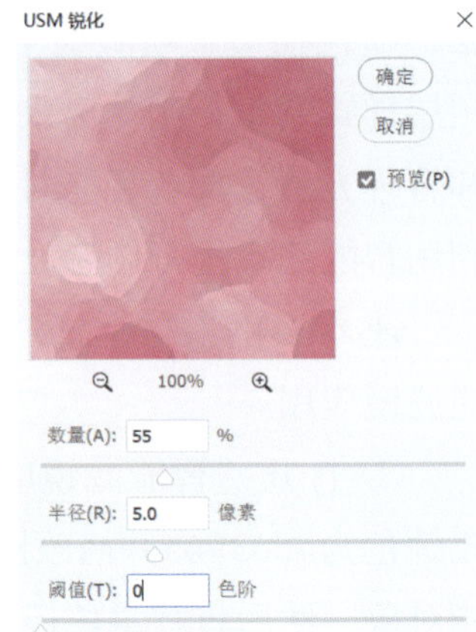

图6-20 “USM锐化”面板参数设置

⑤ 在工具栏选择“文字工具”，输入“watercolor”文字，字体大小为50，颜色为黑色（图6-21）。

⑥ 在文字图层缩览图处按Ctrl键点击鼠标左键，调用出文字图层选区，关闭文字图层预览，选择水彩图层单击添加图层蒙版（图6-22）。

图6-21 输入文字后的效果

图6-22 创建图层蒙版后效果

⑦ 利用画笔工具优化文字效果，在工具栏选择“画笔工具”，打开画笔预设，选取23号画笔，设置画笔笔尖形状大小为10像素，间距为1%；设置形状动态，大小抖动为100%，角度抖动为100%，控制为初始方向；设置散布面板，散布设置为50%，数量为3；勾选传递面板（图6-23～图6-25）。

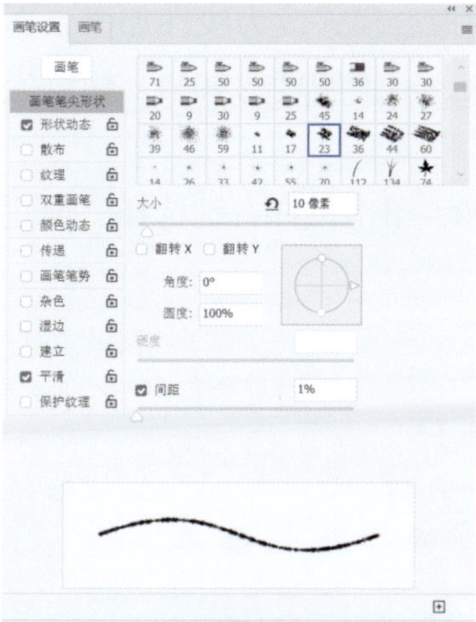

图6-23　画笔笔尖形状设置

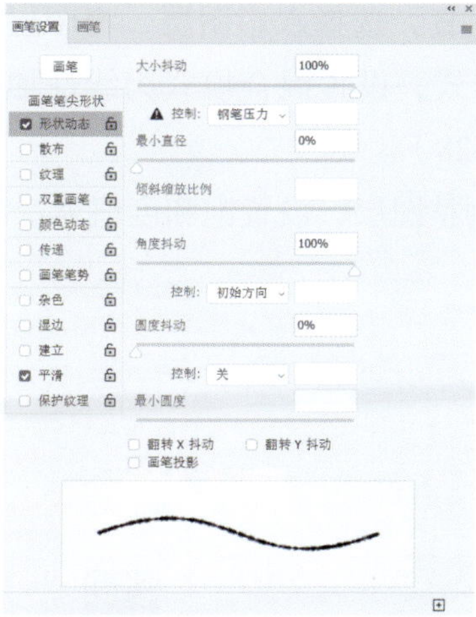

图6-24　“形状动态”面板设置

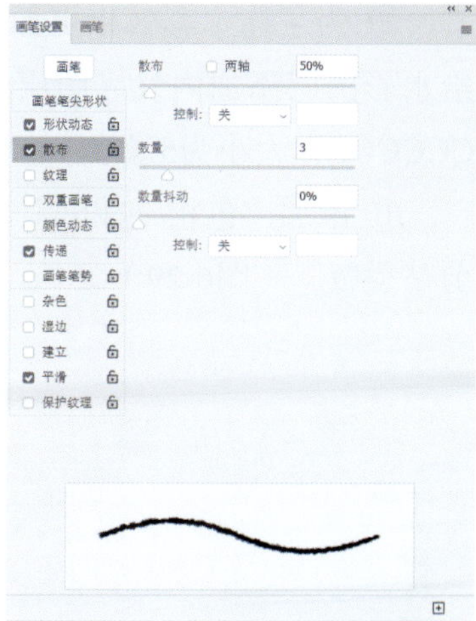

图6-25　“散布”面板设置

⑧ 在“图层”面板中选择文字图层，单击鼠标右键，选择创建工作路径。在工具栏选择“直接选择工具”（快捷键A），在选项栏找到“路径操作”按钮，选择“合并形状组件”，将形状合并到一起（图6-26）。

⑨ 在工具栏选择“画笔工具”，设置前景色为白色，在“路径”面板点击下方“用画笔描边路径”按钮，点击工作路径下方空白处，让工作路径取消显示（图6-27）。

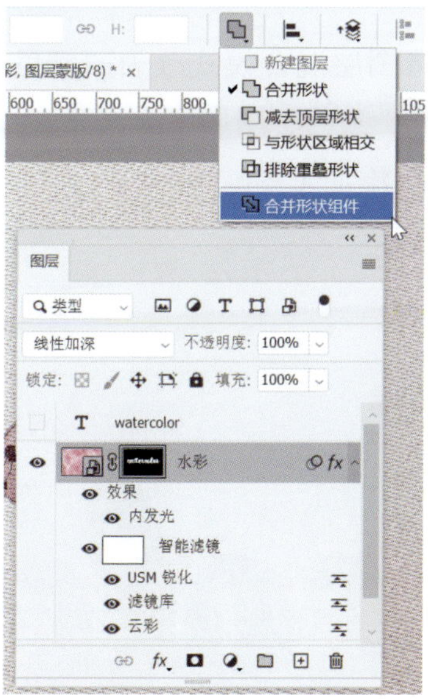

图6-26　路径面板操作

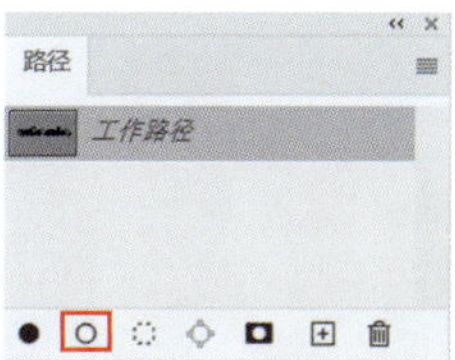

图6-27　选择画笔描边路径

⑩ 为了让水彩效果更加逼真，选择水彩图层，将图层的混合模式改为线性加深，再给水彩图层添加内发光图层样式，设置混合模式为线性加深，不透明度为90%，颜色为CCCCCC，大小为5像素（图6-28）。

⑪ 添加“色相/饱和度”调整图层，设置饱和度值为－100，单击鼠标右键选择“创建剪贴蒙版”（图6-29）。

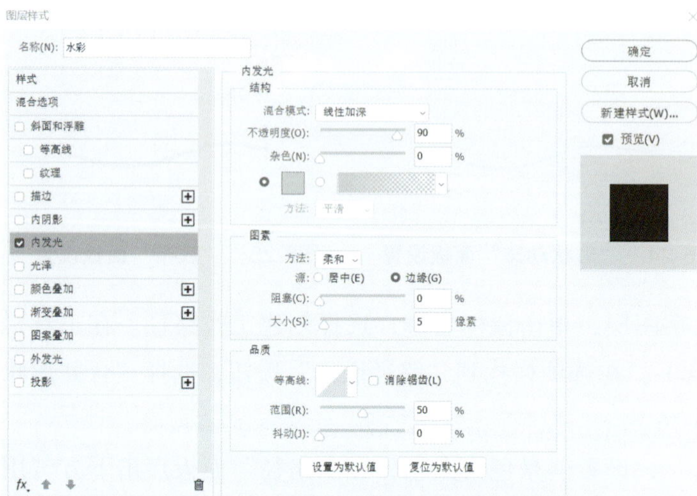

图6-28　内发光图层样式参数设置

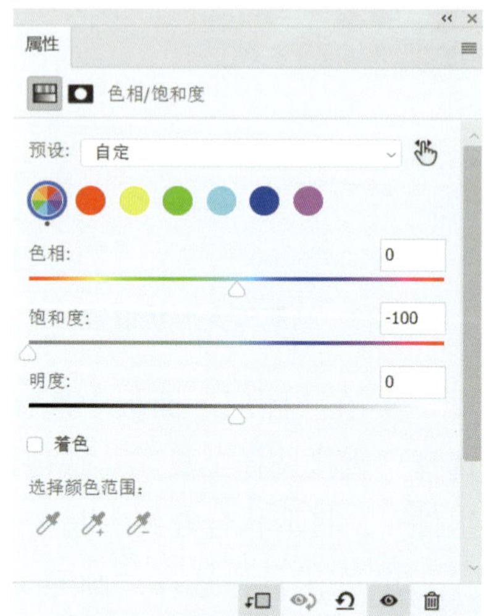

图6-29　“色相/饱和度”面板设置

⑫ 新建一个图层，命名为“颜色”，并将图层混合模式改为“颜色加深”。将“颜色”图层剪切到“水彩”图层（将鼠标滑动到“颜色”图层下方按下Alt键，单击鼠标左键），然后选择一个硬度低的柔边笔刷进行颜色添加（图6-30）。

图6-30　水彩文字的最终效果

6.2 神经网络滤镜应用

神经网络滤镜（Neural Filters）是Photoshop中新增的工作区，它包含一个滤镜库。利用Adobe Sensei支持的机器学习功能，用鼠标点按选择即可，可大幅降低工作流程的难度。Neural Filters是一款便捷工具，只需几秒就能解锁非破坏性的生成式滤镜体验，轻松挖掘创意灵感。它会生成原始图像中原本不存在的全新上下文像素，以此帮助优化图像呈现创意效果。

开始使用前，要从云端下载滤镜并进行编辑。Neural Filters面板会同时显示精选和Beta滤镜，选择“菜单栏”>“滤镜”>“Neural Filters”即可查看（图6-31）。

▶ 微课视频 ◀

无论是精选滤镜还是Beta滤镜，所有Neural Filters都会集中显示于“Neural Filters”面板内的同一页面。使用时，先选择“菜单栏”>“滤镜”>“Neural Filters”，然后选择“所有滤镜”标签页。此外，“Neural Filters”面板中的“即将推出”底下会列出后续计划发布的各种“Neural Filters”。

将素材导入并使用“Neural Filters”，选择“风景混合器”，生成秋季、冬季、夜晚景象（图6-32）。

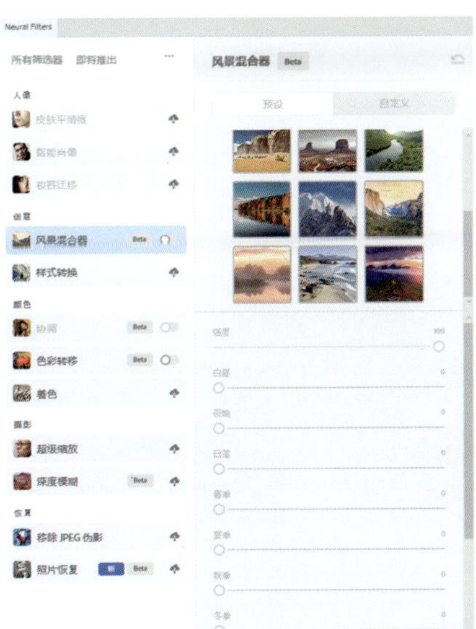

图6-31　Neural Filters滤镜面板

图6-32　使用风景混合器调整前后的景象

“智慧肖像”滤镜通过几个简单的步骤，简化复杂的肖像编辑工作流程，比如通过“快乐”“惊喜”“愤怒”“面部年龄”“凝视”“头发粗细”“头部方向”和“光照方向”等选项来生成新元素，从而创造性地调整肖像（图6-33）。

图6-33　“智慧肖像”调整效果

神经网络滤镜的应用可实现多种功能效果，具体如下。

① 移除JPEG伪影。滤镜可移除JPEG压缩产生的伪影（图6-34）。

图6-34　移除伪影效果

② 超级缩放。使用超级缩放快速放大显示和裁切影像，然后增加细节以补偿分辨率的损失（图6-35）。

图6-35　超级缩放调整效果

③“深度模糊”滤镜可在影像中制造环境深度，使前景或背景中的物体成为画面焦点。这项功能也可以增加主体周围的朦胧感，并调整周围的温度，使其更偏暖色调或冷色调。

搭配其他任何滤镜使用“深度模糊”滤镜时，进度对话框可能直到影像处理结束之前都不会显示（图6-36）。

图6-36 深度模糊调整效果

④ 使用“色彩转移”可以从参考影像中提取配色，然后套用至其他影像的配色，这个滤镜拥有专属的参数调整滑块，可微调影像的亮度、饱和度、明度和颜色设定（图6-37）。

图6-37 色彩转移调整效果

6.3 增效工具和外挂滤镜

一些游戏、浏览器、3D渲染器等都可以通过安装增效工具（即插件）来拓展功能，Photoshop也支持增效工具。用好增效工具（包括外挂滤镜），能让修图或特效制作更加轻松。

6.3.1 增效工具的安装

▶ 微课视频 ◀

选择“菜单栏”>“增效工具”>“增效工具面板”，打开“插件”面板，单击“浏览插件”按钮，可以安装Photoshop中的Marketplace增效工具。

如果想了解计算机上是否安装了增效工具，可以选择“菜单栏”>“增效工具”>“管理增效工具”，弹出Creative Cloud桌面版应用程序进行检查。也可以选择“菜单栏”>“窗口”>“扩展（旧版）”命令，查找已安装的增效工具；或者选择“菜单栏”>“窗口”>“在Exchange上查找扩展（旧版）”命令，到Adobe Exchange查找和下载增效工具。

选择“菜单栏”>“增效工具”>“浏览增效工具”命令，可以打开Creative Cloud桌面版应用程序，查看并获取增效工具的最新版本。

6.3.2 外挂滤镜的安装

外挂滤镜是由其他软件公司或个人开发的滤镜，可以安装在Photoshop中使用。

如果外挂滤镜提供了安装程序，将其安装在计算机中Photoshop安装位置的Plug-ins目录下即可。安装完成后，重新运行Photoshop，在“滤镜”菜单底部会显示外挂滤镜。有的外挂滤镜无须安装，直接复制到Plug-ins文件夹中便可使用。

技术讲堂：滤镜的使用规则与技巧

• 使用滤镜可以清除和修饰照片，为图像提供素描或印象派绘画外观的特殊艺术效果，还可以使用扭曲和光照效果创建独特的变换。Adobe提供的滤镜显示在“滤镜”菜单中。第三方开发商提供的某些滤镜可以作为增效工具使用。安装后，这些增效工具滤镜出现在“滤镜”菜单的底部。

• 应用于智能对象的智能滤镜，使用时不会遭到破坏。智能滤镜作为图层效果存储在“图层”面板中，并且可以利用智能对象中包含的原始图像数据随时重新调整这些滤镜。

- 要使用滤镜，从“滤镜”菜单中选取相应的子菜单命令。以下原则可以帮助选取滤镜：
- 滤镜应用于现用的可见图层或选区。
- 对于8位/通道的图像，可以通过“滤镜库”累积应用大多数滤镜。所有滤镜都可以单独应用。
- 不能将滤镜应用于位图模式或索引颜色的图像。
- 有些滤镜只对RGB图像起作用。
- 可以将所有滤镜应用于8位图像。
- 可以将下列滤镜应用于16位图像：液化、消失点、平均模糊、模糊、进一步模糊、方框模糊、高斯模糊、镜头模糊、动感模糊、径向模糊、表面模糊、形状模糊、镜头校正、添加杂色、去斑、蒙尘与划痕、中间值、减少杂色、纤维、云彩、分层云彩、镜头光晕、锐化、锐化边缘、进一步锐化、智能锐化、USM锐化、浮雕效果、查找边缘、曝光过度、逐行、NTSC颜色、自定、高反差保留、最大值、最小值以及位移。
- 可以将下列滤镜应用于32位图像：平均模糊、方框模糊、高斯模糊、动感模糊、径向模糊、形状模糊、表面模糊、添加杂色、云彩、镜头光晕、智能锐化、USM锐化、逐行、NTSC颜色、浮雕效果、高反差保留、最大值、最小值以及位移。

6.4 AI辅助制作：图像合二为一

本案例使用“合二为一”素材，通过裁剪工具创建空白区域，导入另一素材，再利用矩形选框工具选择区域并反选，最后通过创成式填充将两张图片智能合并为一张。目的是让学习者了解AI辅助工具在图像合成中的应用，掌握简单的选区创建和图像智能合并操作，利用AI技术提高图像处理的效率。

本案例素材位置：出版社官网/搜本书名/资源下载/案例素材/第6章/图像合二为一。

① 打开“图像合二为一1”素材，在工具栏选择裁剪工具，向右拖拽出空白区域，按Enter键确认（图6-38）。

图6-38　拖拽出空白区域

② 将“合二为一2”素材导入并置于空白区域，两张图片之间要留有空白区域，导入两张素材（图6-39）。

图6-39　导入两张素材

③ 选择“矩形选框”工具，分别在两张图片中选择部分区域，然后按Ctrl+Shift+I键进行反选，反选选区如图6-40。

图6-40　绘制选区并进行反选

④ 点击上下任务栏的创成式填充，不需要输入任何文字，点击生成，在“属性”面板中选择最满意的效果，将两张图片智能合并为一张（图6-41）。

图6-41　智能拼合后效果

拓展训练

拓展主题：奇幻场景合成

训练要求：利用本书提供的素材或者自行寻找相关素材，灵活运用PS中的“旋转扭曲”“径向模糊”制作建筑旋涡效果，通过“AI创成式填充”合成奇幻场景，添加“曲线”调整图层完成最终效果。

素材位置：出版社官网/搜本书名/资源下载/案例素材/第6章/拓展训练 奇幻场景。

步骤指导：

① 打开城市建筑照片，复制背景图层，对复制图层执行“滤镜”>“扭曲”>“旋转扭曲”（角度600度），中心对准建筑顶部，创建旋涡效果。

② 添加“径向模糊”滤镜（数量80、模糊方法“缩放”、品质“好”），强化旋涡中心的汇聚感；将该图层混合模式改为“叠加”，不透明度60%。

③ 导入星空素材，置于顶层，混合模式改为“滤色”，不透明度70%；使用“套索工具”绘制旋涡中心选区，执行“选择”>“修改”>“羽化”（半径20像素）。

④ 点击“创成式填充”，输入提示词“宇宙旋涡，璀璨星辰，与城市建筑自然融合”，生成智能过渡效果；最后添加“曲线”调整图层统一画面亮度，完成奇幻场景合成（图6-42）。

图6-42　奇幻场景的效果

第7章 图像编辑与调整

知识目标 ● 记住图像编辑与调整的核心概念，理解色彩校正中RGB和红、蓝通道调整对图像色调的影响原理，以及曲线工具改变像素明暗的底层逻辑。分析不同图像缺陷的成因，并匹配对应的编辑工具。能够结合色彩校正与双重曝光技术，创作具有个性化风格的复合图像。

能力目标 ● 能够运用曲线调整图层、色彩平衡调整图层等工具对数码图像进行色彩校正。熟练使用仿制图章工具、污点修复画笔工具等对图像进行修饰美化，去除图像中的瑕疵、布褶等。

素质目标 ● 培养严谨细致的工作态度，在进行图像编辑操作时，认真设置各项参数，确保操作的准确性和规范性。提升审美能力和创意设计思维，能够根据图像特点和需求，运用所学知识和技能进行有创意的图像编辑，使图像达到理想的视觉效果。

重点难点 ● 重点：各类修饰美化工具的使用技巧。

难点：仿制图章工具取样点的选择和使用。

思维导图 ●

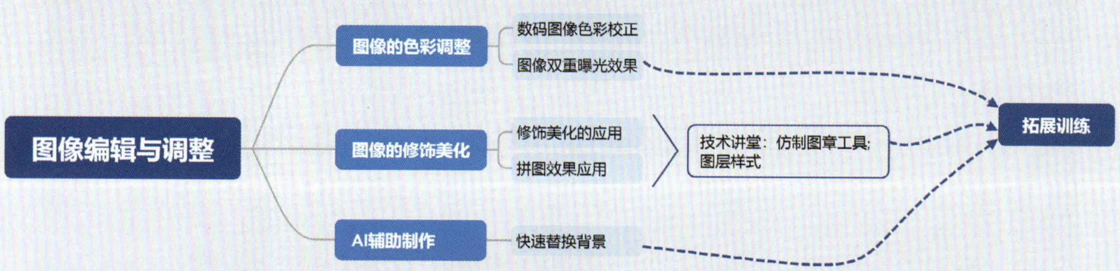

7.1 图像的色彩调整

我们常常对亲手拍摄的数码照片或千辛万苦搜集的素材色彩不甚满意，渴望让它们焕然一新。其实只要掌握好色彩的基本原理和基础知识，再针对各异的创意需求，巧妙使用Photoshop的调色利器，就能让画面绽放夺目光彩，成就惊艳之作。

7.1.1 操作实战27：数码图像色彩校正

本案例旨在通过运用曲线调整图层、色彩平衡调整图层、色相/饱和度调整图层、可选颜色调整图层等工具，对数码图像进行全面的色彩校正。目的是解决图像中存在的色彩偏色、明暗不当等问题，让图像色彩更加协调、准确，达到理想的视觉效果，使原本可能色彩不佳的数码照片或素材焕然一新。

本案例素材位置：出版社官网/搜本书名/资源下载/案例素材/第7章/操作实战27 数码图像色彩校正。

▶ 微课视频 ◀

① 打开“数码图像色彩校正”，创建“曲线调整图层”，打开曲线调整对话框，设置输入数值144、输出数值115（图7-1）。

② 画面右侧的房子颜色偏色比较严重，使用“椭圆选框工具”，将羽化值设置为50像素、平滑边缘转换，在画面当中新建选区（图7-2）。

③ 选择“图层”面板并创建“曲线调整图层”，选择红色进行调整，设置输入数值149、输出数值183（图7-3）。

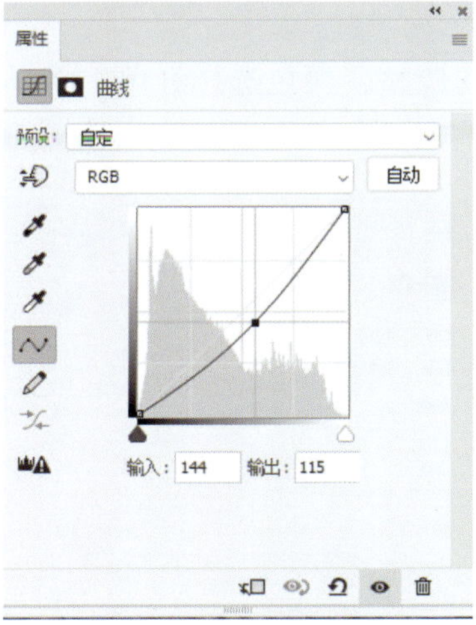

图7-1　曲线调整参数

图7-2　建立圆形选区填充

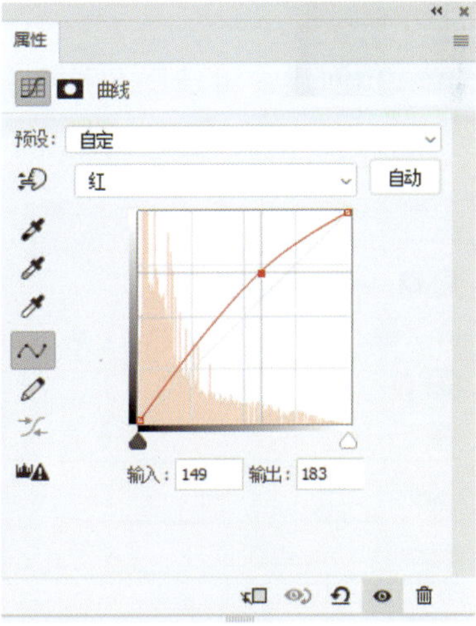

图7-3　曲线调整中红色参数

④ 再次创建“曲线调整图层”，选择蓝色进行调整，设置输入数值102、输出数值146（图7-4）。

⑤ 选择曲线3图层蒙版并填充黑色，在工具栏选择“画笔工具”并在蒙版上使用白色涂抹天空和人群区域，过渡区可选用浅灰色涂抹（图7-5）。

⑥ 在曲线3图层蒙版，按Ctrl键单击图层蒙版载入选区，使用“Ctrl+Shift+I”反向建立选区，再创建“色彩平衡调整图层”，色调选择为高光，将红色增加15、蓝色降低23（图7-6）。

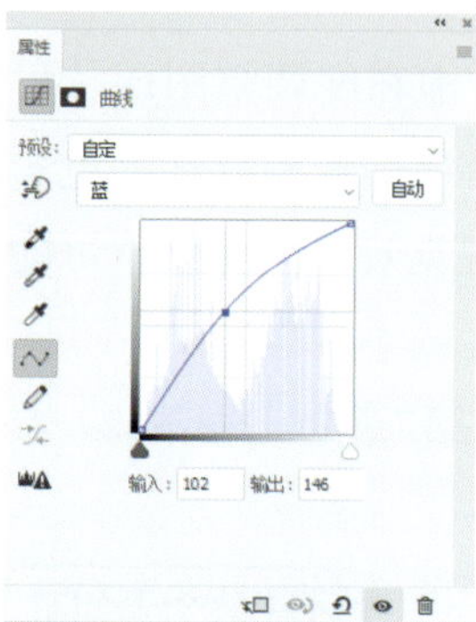

图7-4　曲线调整中蓝色参数

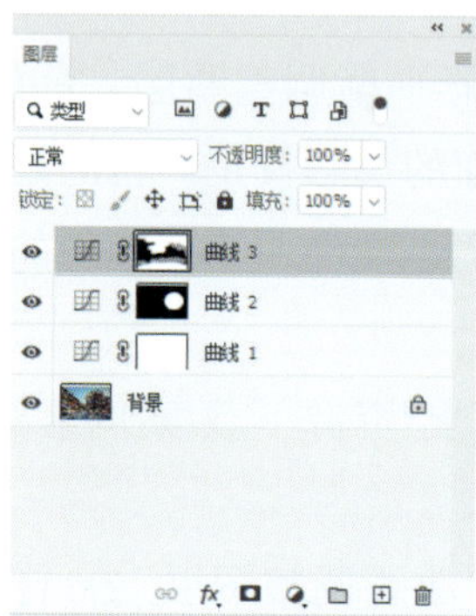

图7-5　图层蒙版调整天空

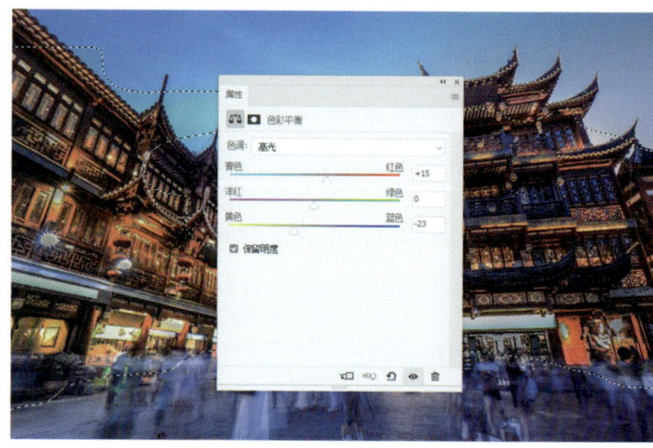

图7-6　曲线调整中蓝色参数

⑦ 保持刚才载入的选区，创建“色相/饱和度调整图层”，将色相数值增加6、饱和度增加20（图7-7）。

⑧ 按Ctrl+Alt+Shift+E键盖印图层，将图层的混合模式改为线性减淡、不透明度调整为20%（图7-8）。

⑨ 创建“可选颜色调整图层”，对灯光部分进行光感的调整，颜色选择红色，将洋红调整为－5%、黄色调整为+100%（图7-9）。

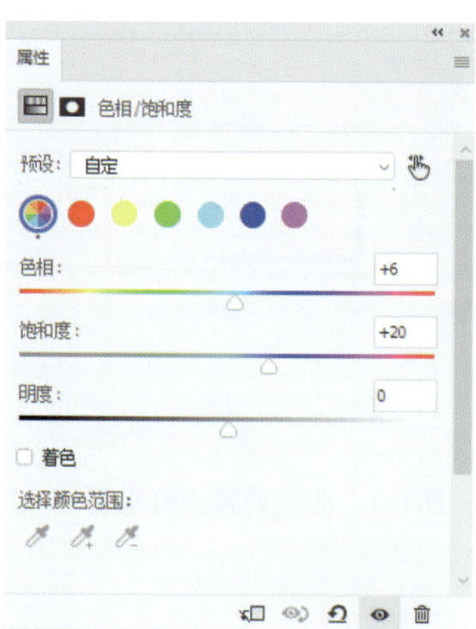

图7-7　色相/饱和度调整参数

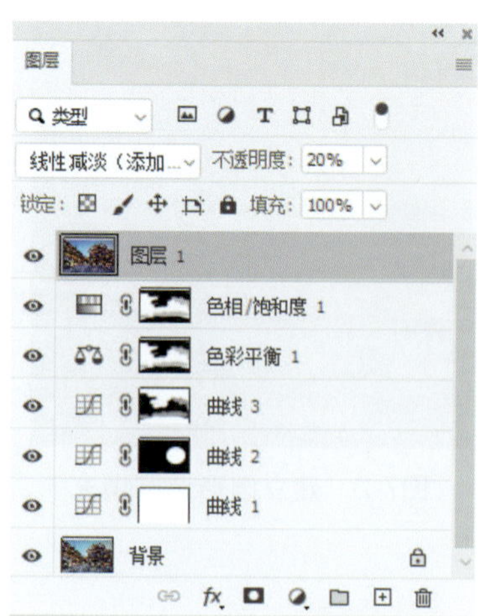

图7-8　盖印图层

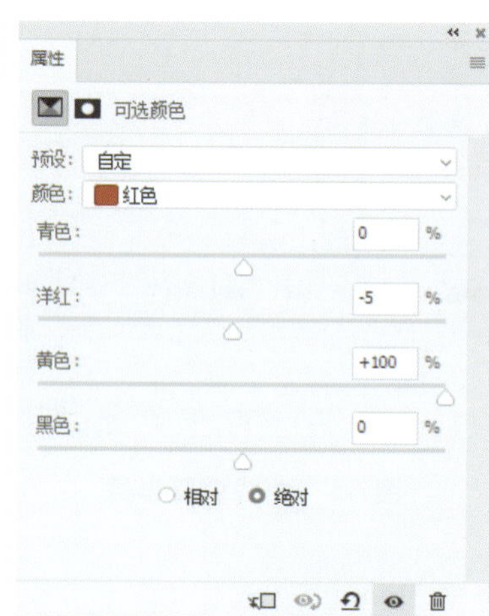

图7-9　可选颜色参数设置

7.1.2 操作实战28：图像双重曝光效果

双重曝光如今已成视觉“流量密码”，从杂志封面到广告大片随处可见。传统摄影意义上的双重曝光，是在同一张胶片上启动两次或多次快门，让光线叠加、影像互融。它考验摄影师对光线、构图、时机以及冲洗流程的精准控制——任何一次失误都可能导致废片。进入数码时代后，Photoshop把复杂的“化学实验”简化成“图层游戏”，把主体与场景两张图置入不同图层，用“滤色/变亮”混合模式叠加，再配合蒙版擦出通透区域，即可完成昔日暗房里的高难度实验，商业级大片信手拈来。

本案例主要是利用Photoshop实现图像的双重曝光效果。通过对人物图像进行亮度和对比度调整、修复皮肤瑕疵、创建选区和图层蒙版，再导入背景素材进行翻转、混合模式设置等操作。目的是将主体与场景两张图像巧妙融合，创造出具有独特视觉冲击力和艺术感的复合图像，展现双重曝光这种流行的视觉表现形式。

本案例素材位置：出版社官网/搜本书名/资源下载/案例素材/第7章/操作实战28 图像双重曝光效果。

▶ 微课视频 ◀

① 打开“图像双重曝光效果素材”，选择“菜单栏”>“图像”>“调整”>“色阶”，增加图像的亮度和对比度，将黑色滑块向右、白色滑块向左移动（图7-10）。

② 在工具栏选择“污点修复画笔”，调整至合适大小，将皮肤的红点进行修复（图7-11）。

③ 执行“菜单栏”>“选择”>“主体”，这时角色被自动识别出选区，按Ctrl+J键创建图层1，点击创建图层蒙版，新建图层2并填充灰色，关闭背景图层预览（图7-12）。

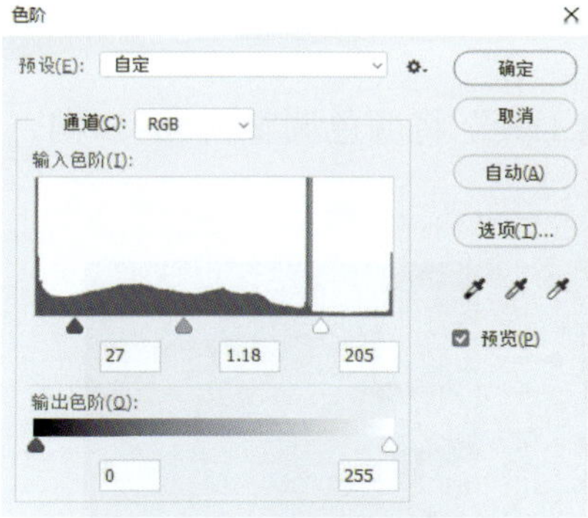

图7-10 色阶调整参数

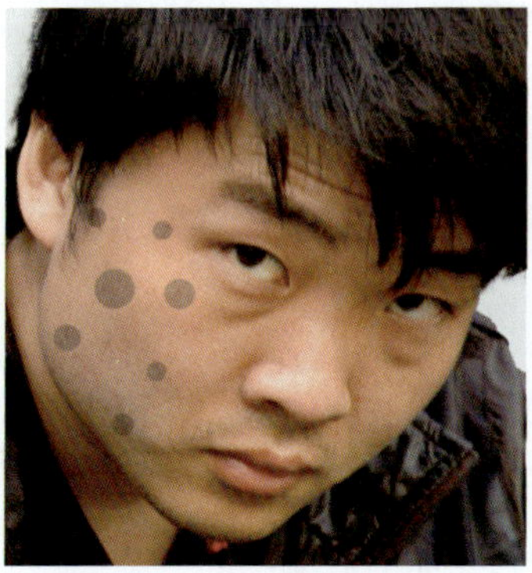

图7-11 修复皮肤红点

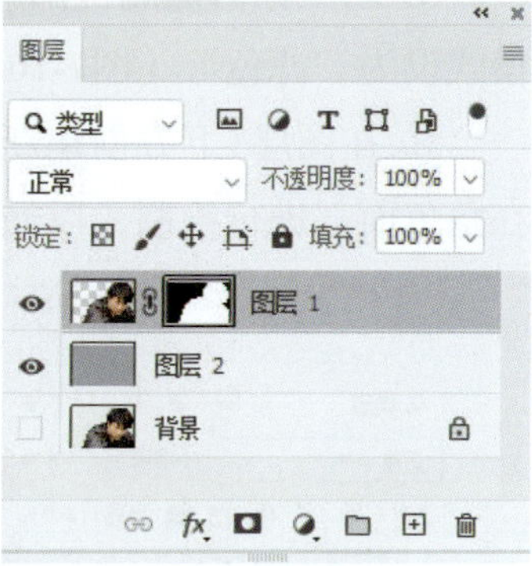

图7-12 “图层”面板操作示意

④ 导入双重曝光背景素材，点击鼠标右键将素材进行垂直翻转，调用出图层1人物的选区，在图层3创建图层蒙版（图7-13）。

⑤ 选择图层1，选择“菜单栏”>“图像”>“调整”>“去色”，然后调整色阶，选择“菜单栏”>“图像”>“调整”>“色阶”，使图像黑白关系更强烈（图7-14）。

⑥ 选择“菜单栏”>“图像”>“调整”>“色相/饱和度”，在右下角勾选“着色”以改变整个图像的颜色，设置色相值为200，从而添加蓝色，设置饱和度为10，降低整张图片的鲜艳性（图7-15）。

图7-13　创建图层蒙版

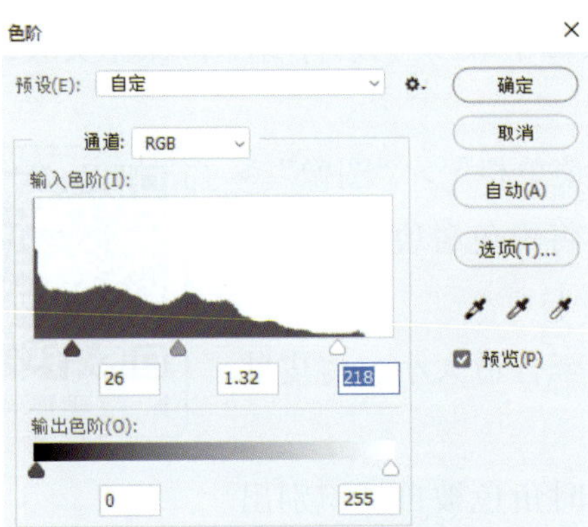

图7-14　色阶调整参数

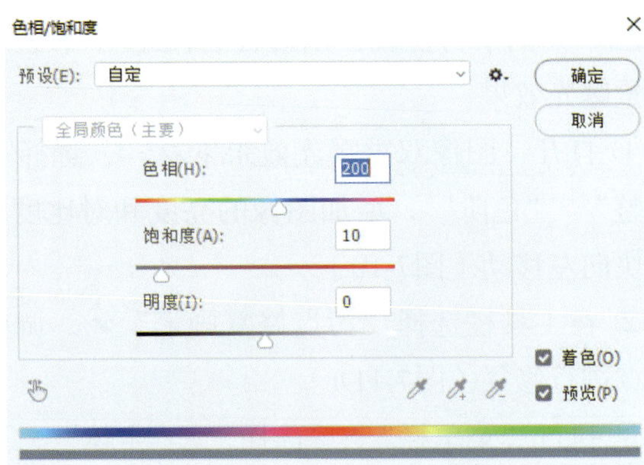

图7-15　色相/饱和度参数

⑦ 用鼠标右键点击图层1蒙版图层，在下拉菜单中应用蒙版图层，随后将图层的混合模式设为“滤色”（图7-16）。

⑧ 在图层1下方创建新的图层，在工具栏选择“画笔工具”将颜色调整为#697484，在角色面部进行绘制，以便突出面部五官（图7-17）。

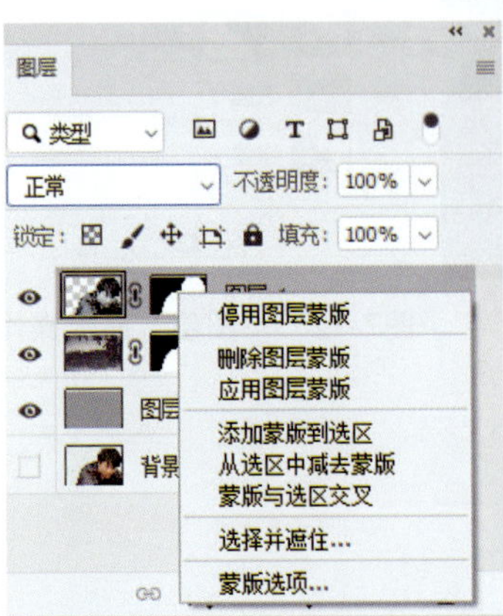

图7-16　应用图层蒙版

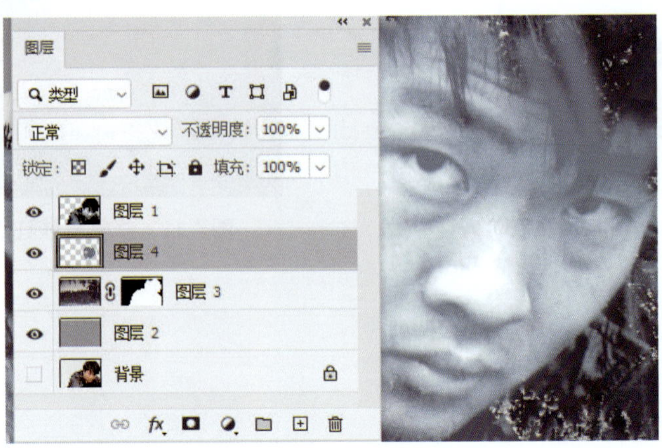

图7-17　突出面部五官

⑨ 选择图层1并添加图层蒙版，选择黑色画笔对人物的衣服进行涂抹（图7-18）。

⑩ 选择图层3的图层蒙版，选择画笔设置为黑色，调整图像得到最终效果（图7-19）。

图7-18　涂抹角色衣服

图7-19　双重曝光效果

7.2 图像的修饰美化

“瑕疵修复”历来是Photoshop的金字招牌，通过其强大的功能可以轻松去除人物面部的斑斑点点，一挥便能抹除环境中的杂乱物件，甚至“偷天换日”也只在转瞬之间。更令人惊喜的是，这些神操作并不复杂——熟悉工具、勤加练习，大片级无瑕画面触手可及。

7.2.1 操作实战29：全家福照片修饰美化

本案例聚焦于对图像进行修饰美化。运用仿制图章工具、污点修复画笔工具、修复画笔工具、修补工具、内容感知移动工具等，去除图像中人物的面部瑕疵（如红点、皱纹）、衣物布褶以及环境中的杂乱物件等。目的是使图像更加整洁、美观，提升图像的整体质感，达到大片级的无瑕画面效果。

本案例素材位置：出版社官网/搜本书名/资源下载/案例素材/第7章/操作实战29 全家福照片修饰美化。

① 打开“修饰美化的应用”素材，复制素材图层，在工具栏选择“仿制图章工具”，在选项栏里调整画笔的大小，来修复中间角色身上的布褶（图7-20）。

图7-20　修复布褶后效果

▶ 微课视频 ◀

② 在工具栏选择“污点修复画笔工具”，对老爷爷面部瑕疵进行修复，根据图像瑕疵的像素比例调整画笔大小，并选择近似匹配（图7-21）。

③ 继续对老奶奶面部的皱纹儿进行涂抹遮盖，很明显地消除图像中有瑕疵的地方，并与周围的像素进行匹配（图7-22）。

图7-21　污点修复面部瑕疵

图7-22　污点修复面部瑕疵

④ 复制图层并使用“修复画笔工具”，对图像中要清除掉的内容进行修饰，调整画笔大小，并按住Alt键进行取样，指定位置单击复制图像，然后在图像中按住左键拖拉鼠标，即可用复制的图像对图像进行修饰（图7-23）。

⑤ 在工具栏选择“修补工具”，在选项栏中选择修补“正常”，并点击“源”（源：用图像文件中指定位置图像来修复选择区域内的图像；目标：用选择区域内的图像修复图像文件中的其他区域），之后用鼠标勾勒出需要修饰的部分形成选区，并拖拽到没有瑕疵图像的位置（图7-24）。

⑥ 在工具栏选择“内容感知移动工具”，此工具可以将图片中多余部分物体去除，同时会自动计算和修复移除部分，从而实现更加完美的图片合成效果（图7-25）。

图7-23　修复画笔修复面部

图7-24　勾勒出需要修饰的部分形成选区

图7-25　内容感知移动工具移除图案

⑦ 按Ctrl+Alt+shift+E键盖印图层，选择“菜单栏”>“滤镜”>“模糊”>“高斯模糊”，半径为2.0像素，柔化皮肤质感（图7-26）。

⑧ 给该图层添加图层蒙版，填充黑色，选择“画笔工具”在需要柔化的地方涂抹白色，过渡区域可选择灰色涂抹（图7-27）。

图7-26 高斯模糊参数设置

图7-27 图层蒙版柔化画面

技术讲堂：仿制图章工具

仿制图章工具，将图像的一部分绘制到同一图像中，或绘制到具有相同颜色模式的任何打开的文档中。也可以将一个图层的一部分绘制到另一个图层。仿制图章工具对于复制对象或移去图像中的缺陷很有用。

要使用仿制图章工具，需要从其中拷贝（仿制）像素的区域上设置一个取样点，并在另一个区域上绘制。要在每次停止并重新开始绘画时使用最新的取样点进行绘制，并选择“对齐”选项。取消选择“对齐”选项将从初始取样点开始绘制，具与停止并重新开始绘制的次数无关。可以对仿制图章工具使用任意的画笔笔尖，从而准确控制仿制区域的大小，也可以使用不透明度和流量设置来控制仿制区域的绘制应用程序。

操作流程：

• 选择仿制图章工具。

• 在选项栏中，可以设置画笔笔尖形状、混合模式、不透明度和流量。

• 指定如何对齐样本像素以及如何对文档中的图层数据取样。在选项栏中设置以下任一选项：

“对齐”，连续对像素进行取样，即使释放鼠标按钮，也不会丢失当前取样点。如果取消选择“对齐”，则会在每次停止并重新开始绘制时使用初始取样点中的样本像素。

“样本”，从指定的图层中进行数据取样。要从现用图层及其下方的可见图层中取样，选择“当前和下方图层”。要仅从现用图层中取样，选择“当前图层”。要从所有可见图层中取样，选择“所有图层”。要从调整图层以外的所有可见图层中取样，选择“所有图层”，然后单击“取样”弹出式菜单右侧的“忽略调整图层”图标。

• 可通过将指针放置在任意打开的图像中，然后按住Alt键（Windows）或Option键（Mac OS）并单击鼠标来设置取样点。

提示

确保在调整图层上执行操作，仿制图章工具不适用于调整图层。

• 单击选项栏，开启“仿制源”面板，单击“仿制源”按钮并设置其他取样点，最多可以设置五个不同的取样源。“仿制源”面板将存储样本源，直到关闭文档。

• 在“仿制源”面板中执行下列任一操作：要缩放或旋转所仿制的源，输入W（宽度）或H（高度）的值，或输入旋转角度 0.0 度。

要反转源的方向（适用于类似眼睛的镜像功能），可单击“水平翻转”或“垂直翻转”按钮。

要显示仿制的源的叠加，勾选“显示叠加” 显示叠加 并指定叠加选项。

7.2.2 操作实战30：拼图效果应用

用Photoshop制作真实拼图纹理，需要先绘制标准拼图凹凸卡口轮廓，然后定义图案后再填充图案。添加打开图层样式，勾选“斜面和浮雕”“描边”，使拼图纹理自然浮起，可再做投影或调整图层不透明度，让效果更逼真。

本案例是使用Photoshop制作真实的图像拼图效果。先绘制标准拼图的凹凸卡口轮廓并定义为图案，再将图案填充到目标图像上，然后进行添加图层样式（如斜面和浮雕、描边）等操作。目的是让图像呈现出逼真的拼图纹理效果，增强图像的趣味性和视觉表现力。

本案例素材位置：出版社官网/搜本书名/资源下载/案例素材/第7章/操作实战30 拼图效果应用。

▶ 微课视频 ◀

① 新建400像素×400像素，分辨率为200ppi的文档，新建图层1并关闭背景层，打开标尺并在100像素横竖中绘制参考线（图7-28）。

② 在工具栏选择“矩形选框工具”绘制两个200像素×200像素的矩形，并填充黑色（图7-29）。

③ 在工具栏选择“椭圆工具”，在任务栏选择为路径绘制正圆，先选择“直接选择工具”，再选择最上面的锚点并向上拖动（图7-30）。

④ 按Ctrl+Enter键将路径转换为选区，然后执行“菜单栏”>“选择”>“变换选区”，在黑色区域删除选区，在透明区域填充黑色（图7-31）。

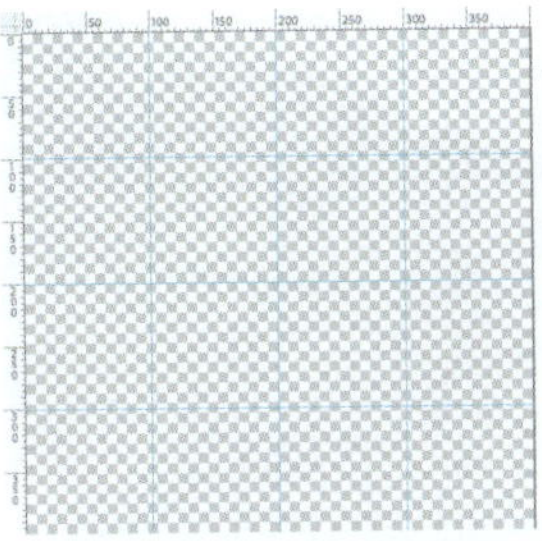

图7-28　绘制标尺

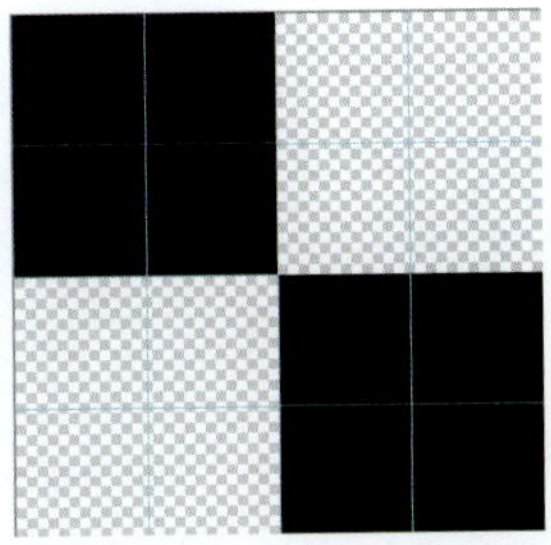

图7-29　绘制矩形选区

图7-30　绘制椭圆路径

图7-31　绘制拼图图案

⑤ 按Ctrl+A键全选画布，选择“菜单栏”>“编辑”>“定义图案”，在弹出的窗口中将名称修改为拼图（图7-32）。

图7-32　定义图案名称

⑥ 打开“图像拼贴效果”素材，新建图层1，选择“菜单栏”>“编辑”>“填充”，内容选择为图案，选项中在自定图案中选择刚创建的拼图（图7-33）。

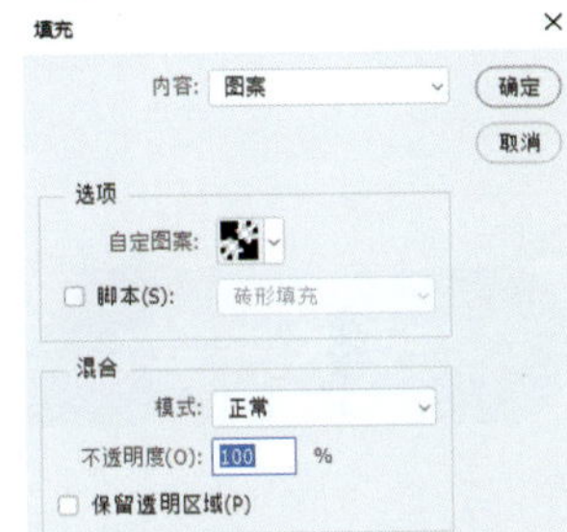

图7-33　填充自定图案

⑦ 在“图层”面板中单击fx给图层1添加图层样式，选择斜面和浮雕，样式为枕状浮雕、方法为平滑、深度为886%、大小为13像素、软化为4像素、角度为140度、高度为30度、高光模式为颜色减淡（图7-34）。

⑧ 添加描边效果，设置大小为2像素、位置为外部、混合模式为正常（图7-35）。

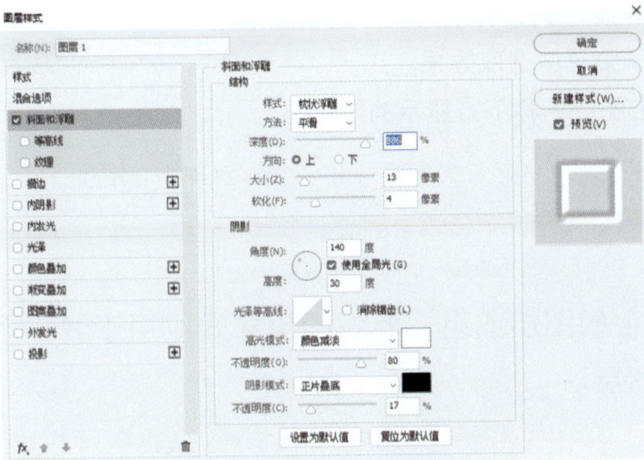

图7-34　斜面和浮雕参数设置

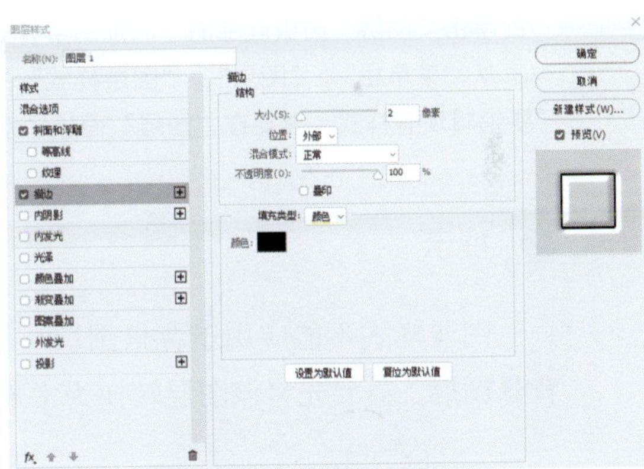

图7-35　描边参数设置

⑨ 在“图层”面板中新建图层2，使用“魔术棒工具”在图层1随机选择几块拼图，回到图层2在选区中填充白色（图7-36）。

图7-36　拼图效果的最终样式

技术讲堂：图层样式

• 添加图层样式。从“图层”面板中选择单个图层，执行下列操作之一可以添加图层样式：

① 双击该图层（在图层名称或缩览图的外部）。

② 单击“图层”面板底部的“添加图层样式”按钮 fx，并从列表中选取效果。

③ 从“菜单栏”>“图层”>“图层样式”的子菜单中选取效果。

要编辑现有样式，需要在“图层”面板中双击图层名称下方显示的效果。

提示

图层样式不能应用于背景图层、锁定的图层或组，要将图层样式应用于背景图层，需要先将该图层转换为常规图层。

• 显示或隐藏图层样式。

如果图层具有图层样式，在“图层”面板中图层名称右侧将会显示“fx”图标。

隐藏或显示图像中的所有图层样式，选择“菜单栏”>“图层”>“图层样式”>“隐藏所有效果”/“显示所有效果”。

• 展开或折叠“图层”面板中的图层样式，可执行下列操作之一：

① 单击“添加图层样式”图标 fx 的旁边的三角形∨图标，以展开应用于该图层的图层效果的列表。再次单击三角形∧图标可以折叠图层效果。

② 要展开或折叠组中应用的所有图层样式，可以按住Alt键（Windows）或Option键（Mac OS）并单击组中的三角形或倒三角形。应用于图层组中所有图层的样式也会相应地展开或折叠。

• 拷贝图层样式。

拷贝和粘贴图层样式是为多个图层统一应用相同效果的高效操作方式，具体步骤如下：

在图层间拷贝图层样式时，首先在“图层”面板中选中包含目标样式的图层；接着选择“菜单栏”>“图层”>“图层样式”>“拷贝图层样式”；随后在面板中选定需要应用样式的目标图层，再次点击菜单栏，选择“图层”>“图层样式”>“粘贴图层样式”。需要注意的是，粘贴后目标图层原有的图层样式将被替换。

此外，还可通过拖动方式在图层间拷贝图层样式，具体有以下两种操作：其一，在“图层”面板中，按住Alt键（Windows系统）或Option键（Mac OS系统），将单个图层效果从源图层拖动到目标图层，即可复制该图层效果；若直接拖动“效果”栏从一个图层到另一个图层，同样能实现图层样式的复制。其二，将一个或多个图层效果从“图层”面板直接拖动到图像上，此时图层样式会自动应用于“图层”面板中图像落点处对应的最顶层图层。

7.3 AI辅助制作：快速替换背景

本案例旨在利用AI功能快速替换图像背景。通过选择主体创建选区、反选，再使用创成式生成功能输入新背景提示词来生成新背景。目的是高效地更换图像背景，使图像符合特定的场景需求，提升图像的创意性和适用性。

本案例素材位置：出版社官网/搜本书名/资源下载/案例素材/第7章/快速替换背景。

▶ 微课视频 ◀

① 打开“快速替换背景”素材，在“上下文任务栏”中单击选择主体（图7-37）。

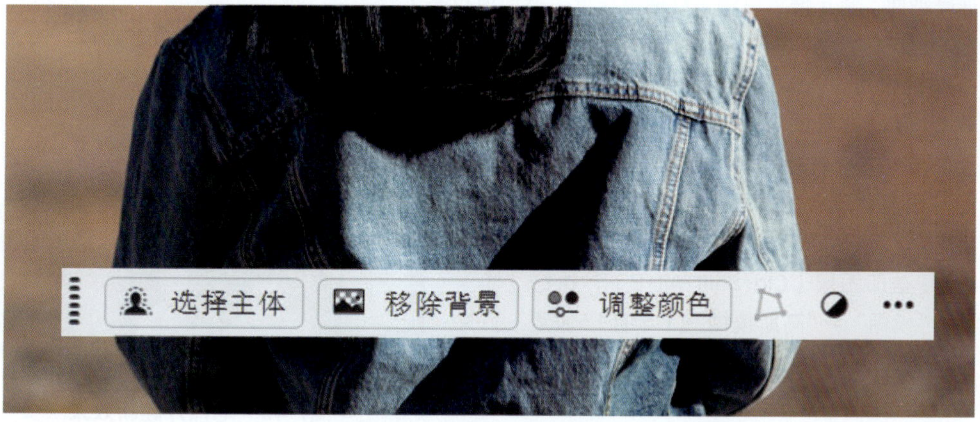

图7-37 单击选择主体

② 人物现在被智能创建选区，按Ctrl+Shift+I键进行反选（图7-38）。

③ 点击创成式生成，输入“花海”提示词，点击“生成”按钮，在“属性”面板中选择最佳效果（图7-39）。

图7-38　图像进行反选

图7-39　替换背景效果

拓展训练

拓展主题：老照片翻新。

训练要求：利用本书提供的老照片素材或自行寻找相关素材，借助“曲线”“色彩平衡”“色相/饱和度”“仿制图章工具”“污点修复工具”“高斯模糊”来对老照片进行翻新。

素材位置：出版社官网/搜本书名/资源下载/案例素材/第7章/拓展训练 老照片。

步骤指导：

① 打开老照片素材，创建“曲线”调整图层，分别调整RGB、红、绿、蓝通道，拉高暗部曲线提亮画面，修正偏黄色调（红通道压低、蓝通道拉高）。

② 添加“色彩平衡”调整图层，针对中间调添加青色＋10、黄色－15，中和泛黄感；再创建“色相/饱和度”调整图层，适当提高饱和度＋8，还原色彩层次。

③ 复制背景图层，使用“仿制图章工具”（硬度30%），按住Alt键取样无划痕区域，修复照片上的明显划痕；用“污点修复画笔工具”处理细小斑点和污渍。

④ 盖印图层（Ctrl+Shift+Alt+E），执行“滤镜”>“模糊”>“高斯模糊”（半径1.5像素），添加图层蒙版，用黑色画笔保留五官等关键细节，柔化画面杂点，完成翻新效果（图7-40）。

图7-40　老照片翻新效果

第8章 文字工具

知识目标 ● 掌握文字创建与基础编辑的核心知识，熟悉“字符”面板的功能与操作逻辑；掌握文字与图层样式结合的知识，包括图层样式的参数含义，了解文字与滤镜效果的协同知识，熟悉图案库管理的基础操作知识。

能力目标 ● 具备独立完成文字创建与基础编辑的能力，具备运用图层样式制作特效文字的能力，掌握文字与滤镜结合的创意设计能力，拥有文字创意设计的实践能力，能基于核心知识进行创意拓展，例如调整透视字体的锚点角度适配不同场景、修改特效字的图层样式参数打造个性化效果。

素质目标 ● 培养严谨细致的设计态度，提升创意设计思维。树立规范的设计流程意识，在案例制作中遵循“素材准备—文字创建—格式调整—特效添加—效果优化”的逻辑，培养专业的设计工作素养。

重点难点 ● 重点：图层样式与文字的结合应用。

难点：置换滤镜的应用与效果控制。

思维导图 ●

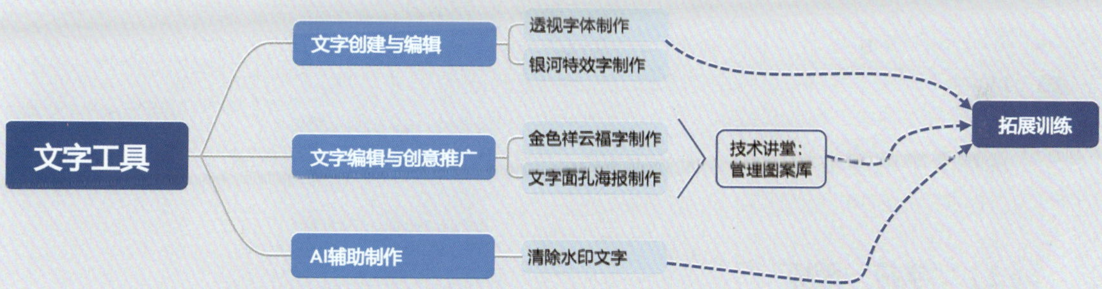

8.1 文字创建与编辑

（1）文字创建

文字创建步骤如下。

① 选择横排文字工具或直排文字工具（图8-1）。

图8-1 文字工具

② 在“图层”面板中选择文字图层或者在文本中单击左键以自动选择文字图层。

③ 在文本中定位到插入点，然后执行下列操作之一：

• 拖动以选择一个或多个字符。

• 在文本中单击左键，然后按住Shift键单击以选择一定范围的字符。

• 点击“选择”>“全部”，选择图层中的全部字符。

• 用鼠标双击一个字可选择该字。三次连续点击一行可选择该行。四次连续点击一段可选择该段。在文本流中的任何地方连续点击五次可选择外框中的全部字符。

• 若要使用箭头键选择字符，在文本中单击左键，然后按住Shift键并按右箭头键或左箭头键。若要使用这些键选择单词，按住Shift+Ctrl组合键（Windows）或Shift+Command组合键（Mac OS）并按右箭头键或左箭头键。

④ 若要选择图层中的所有字符而不在文本流中定位插入点，在“图层”面板中选择文字图层，然后双击图层的文字图标。

> **提示**
>
> 选择文字图层中的字符并设置其格式会将文字工具置于编辑模式。

（2）“字符”面板

“字符”面板提供用于设置字符格式的选项。选项栏中也提供了一些格式设置选项。

可以通过执行下列操作之一来显示“字符”面板。

① 单击“窗口”>“字符”，或者单击“字符”面板选项卡（如果该面板可见但不是现用面板）。

② 在文字工具处于选定状态的情况下，单击选项栏中的“面板”按钮（图8-2）。

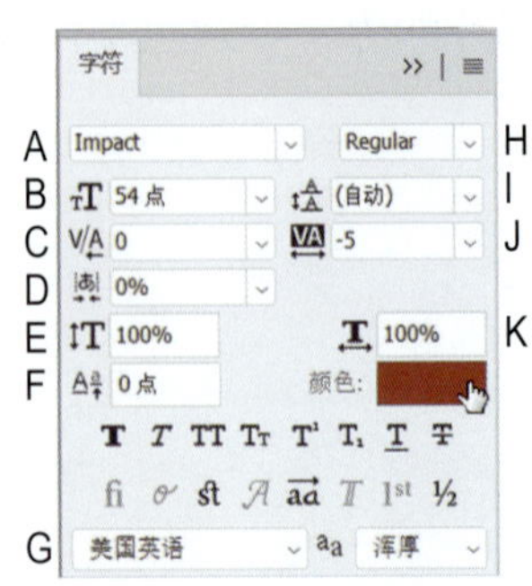

A—字体系列；
B—字体大小；
C—垂直缩放；
D—设置“比例间距”选项；
E—字距调整；
F—基线偏移；
G—语言；
H—字体样式
I—行距；
J—水平缩放；
K—字距微调

图8-2 字符面板

若要在“字符”面板中设置某个选项，需

从该选项右边的弹出式菜单中选取一个值。对于具有数字值的选项，可以使用向上或向下箭头来设置值，或者可以直接在文本框中编辑值。当直接编辑值时，按Enter键或Return键可应用值；按Shift+Enter组合键或Shift+Return组合键可应用值并随后高光显示刚刚编辑的值；或者按Tab键可应用值并移到面板中的下一个文本框。

提示

要使“设置比例间距”选项出现在“字符”面板中，需在“文字”首选项中选择“显示亚洲字体选项”。可以在“字符”面板中访问其他命令和选项。若要使用此菜单，需单击面板右上角的三角形。

（3）动态快捷键

动态快捷键是只有当输入点文字或段落文字，选中文字或文本中出现I型光标时才可访问的键盘快捷键。当动态快捷键可用时，可以在“字符”面板中看到它们。动态快捷键可用于“仿粗体”“仿斜体”“全部大写字母”“小型大写字母”“上标”“下标”“下划线”和“删除线”等文字选项（图8-3）。

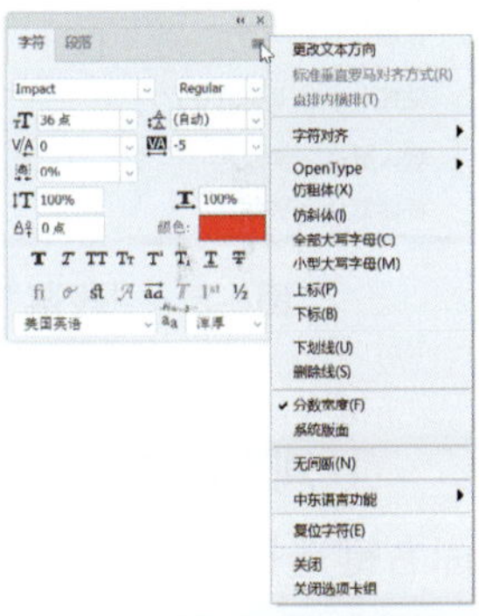

图8-3　动态快捷键

8.1.1 操作实战31：透视字体制作

本案例使用公路图片加入透视字体，案例素材位置：出版社官网/搜本书名/资源下载/案例素材/第8章/操作实战31 透视字体制作。

▶ 微课视频 ◀

本案例旨在通过公路图片制作透视效果的文字，将“加油2025”文字调整为符合公路透视规律的前小后大梯形样式，使其与公路场景自然融合。目的是让学习者掌握文字转换为形状、调整透视锚点以及通过不透明度优化贴合度的操作，提升其对文字透视效果的把控能力，以适应不同场景的设计需求。

① 打开“透视字体制作”素材，选择横排文字工具，将前景色改为白色，输入“加油2025”（图8-4）。

② 选择菜单栏面板，“文字”>“面板”>“段落面板”，将文字选择为居中对齐（图8-5、图8-6）。

图8-4　输入文字后效果

③ 再次选择菜单栏面板“文字”>“转换为形状”（图8-7）。

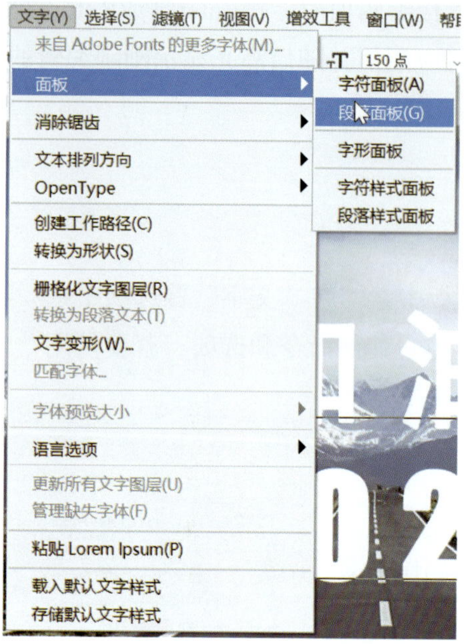

图8-5 “段落”面板

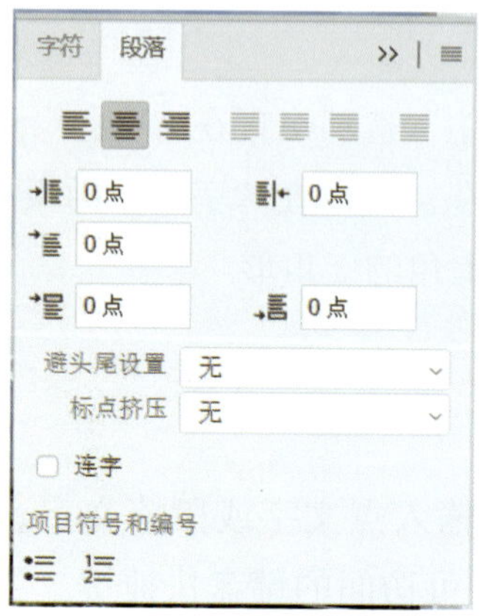

图8-6 “段落”面板中选择居中对齐

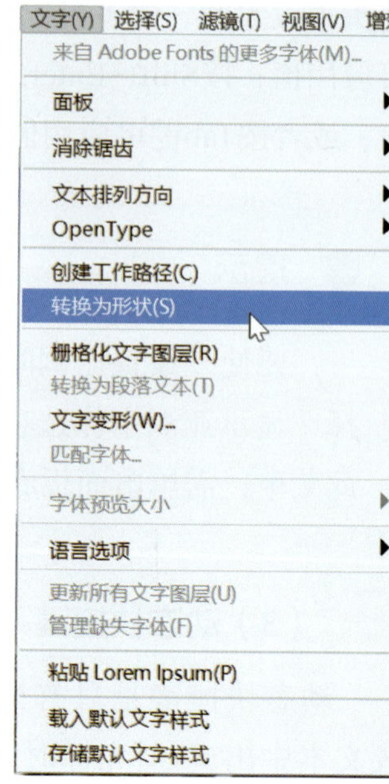

图8-7 将文字转换为形状

④ 现在文字将自动被选中，四边带有锚点（低版本需要按Ctrl+T进行操作），单击鼠标右键选择“透视”（图8-8）。

⑤ 将文字上下压扁一些，按住Ctrl键用鼠标左键拖动边角的锚点，将“加油2025”的形状拖动成前小后大的梯形，以符合公路的透视（图8-9）。

⑥ 为了让文字更加贴合路面，在“图层”面板中将不透明度降低（图8-10）。

图8-8 单击鼠标右键选择“透视”

图8-9 调整后的文字效果

图8-10 降低不透明度后效果

8.1.2 操作实战32：银河特效字制作

本案例将利用银河素材制作具有丰富特效的“银河”文字。通过添加多个图层样式（如斜面和浮雕、描边、投影、内发光等），并对不同文字图层设置差异化参数，打造出富有层次感和梦幻感的银河主题特效字。目的是让学习者深入理解图层样式与文字的结合应用，掌握通过多层样式叠加创造复杂特效的技巧，提升文字特效设计的创意与实践能力。

▶ 微课视频 ◀

本案例素材位置：出版社官网/搜本书名/资源下载/案例素材/第8章/操作实战32 银河特效字制作。

① 打开银河素材文件，选择“图层”面板，点击创建新的填充或调整图层，添加色调/饱和度调整图层，将混合模式改为颜色，色相为14、饱和度为－12（图8-11）。

② 选择文字工具，输入“银河”文字，字体大小为300，将“图层”面板中的填充改为0（图8-12）。

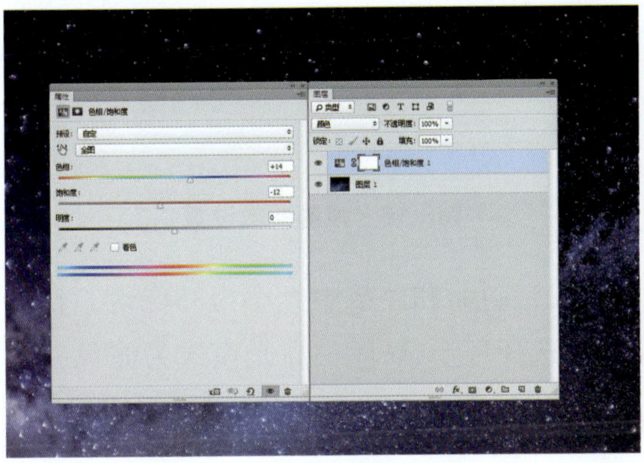

图8-11　新建调整图层设置

图8-12　“银河”文字参数设置

③ 复制两次文字图层，在第一个文字图层添加图层样式，选择斜面和浮雕，大小20像素，阴影角度30度，勾选使用全局光，高度30度，高光模式为滤色，不透明度50%，阴影模式为颜色减淡，颜色#47fcc7，不透明度70%（图8-13）。

勾选等高线，选择滚动斜坡-递减（图8-14）。

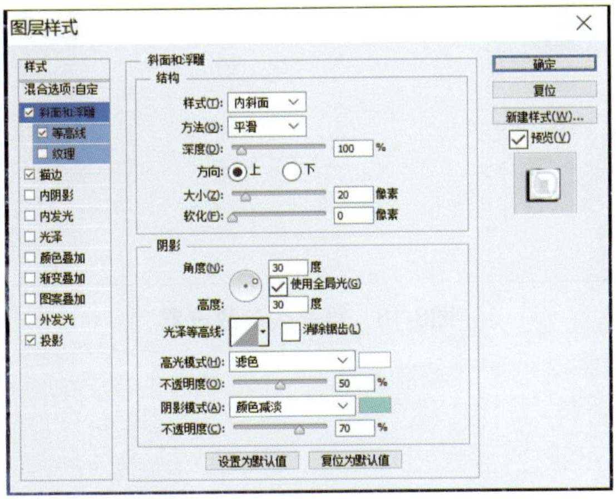

图8-13　斜面和浮雕参数设置

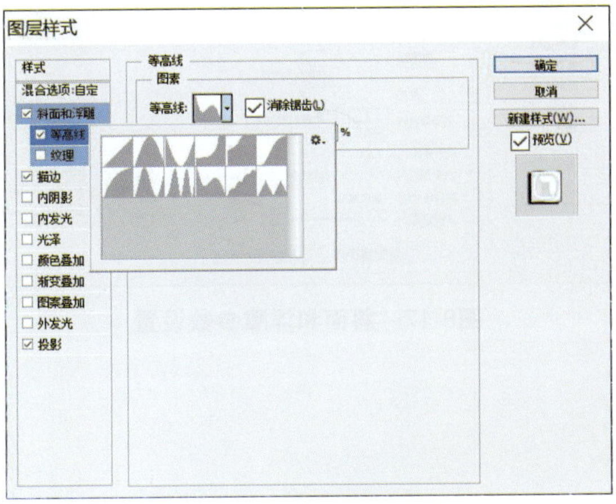

图8-14　等高线参数设置

④ 勾选描边，大小为1像素，位置为外部，填充类型为渐变，样式为线性（图8-15）。

⑤ 勾选投影，混合模式为正片叠底，角度30度，勾选使用全局光，距离5像素，扩展30%，大小10像素（图8-16）。

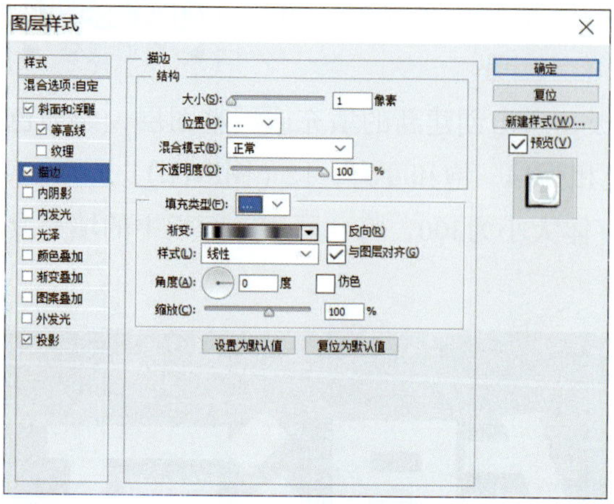

图8-15 描边参数设置

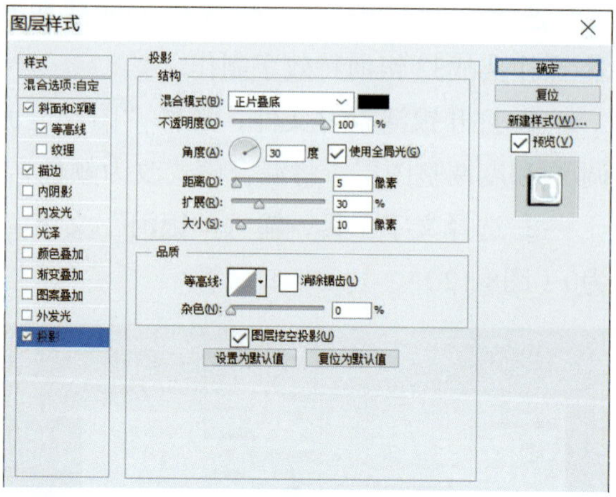

图8-16 投影参数设置

⑥ 现在给复制的第二个文字图层添加图层样式，斜面和浮雕中大小为35像素，软化为0像素，角度17度，不使用全局光，光泽等高线选择环形-双环，高光模式为滤色，颜色为#ef1d58，不透明度为70%，阴影模式为颜色减淡，颜色为#a81227，不透明度为70%（图8-17）。

等高线选择锥形-反转（图8-18）。

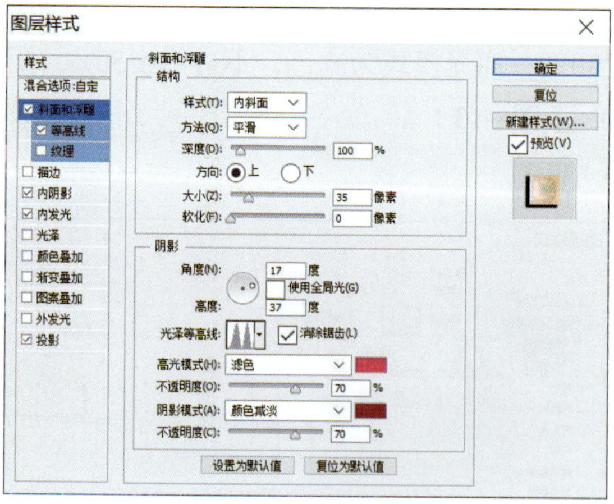

图8-17 斜面和浮雕参数设置

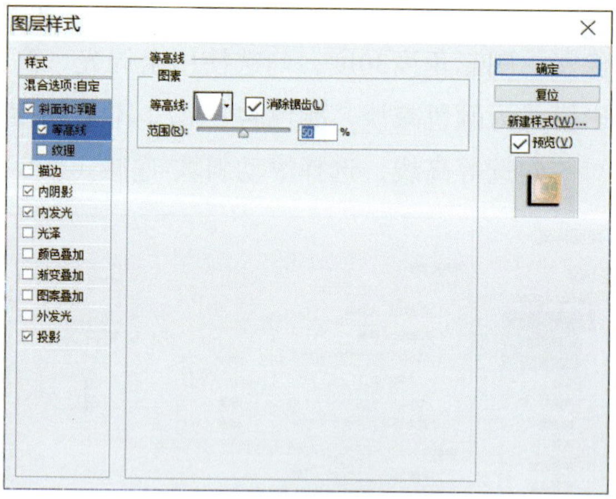

图8-18 等高线参数设置

⑦ 添加内阴影，混合模式选择正片叠底，颜色为#b2b412，不透明度为50%，角度为0，不使用全局光，距离为25像素，大小为30像素（图8-19）。

⑧ 添加投影，混合模式为正片叠底，角度30度，勾选使用全局光，距离5像素，扩展30%，大小10像素（图8-20）。

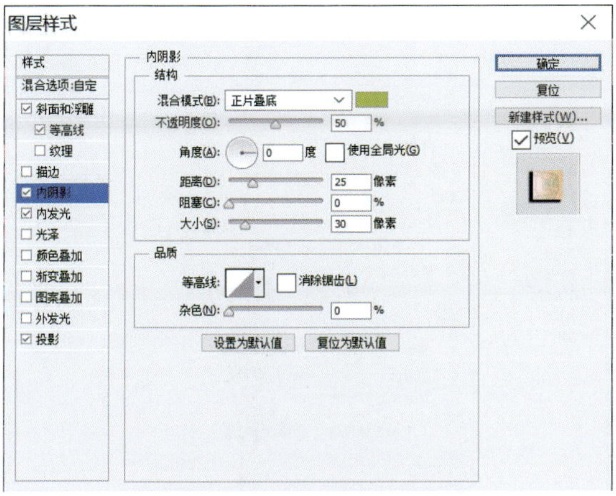

图8-19　内阴影参数设置

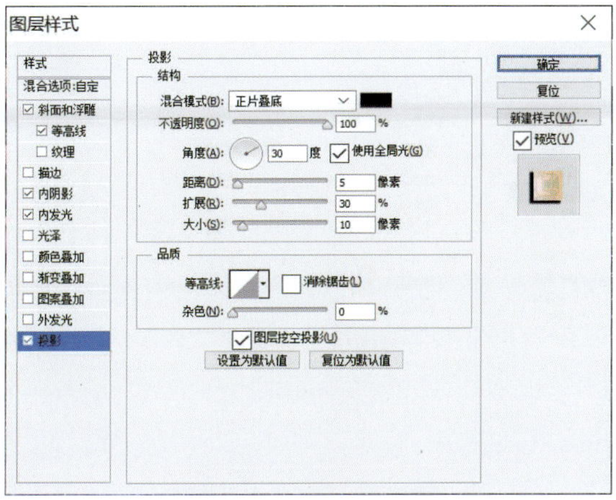

图8-20　投影参数设置

⑨ 现在选择第三个文字图层，添加图层样式，斜面和浮雕中大小为55像素，角度－129度，不勾选使用全局光，高度58，光泽等高线选择环形，高光模式选择叠加，颜色#e3dc26，不透明度70%，阴影模式为颜色减淡，颜色#0eb483，不透明度70%（图8-21）。

等高线选择滚动与斜坡-递减（图8-22）。

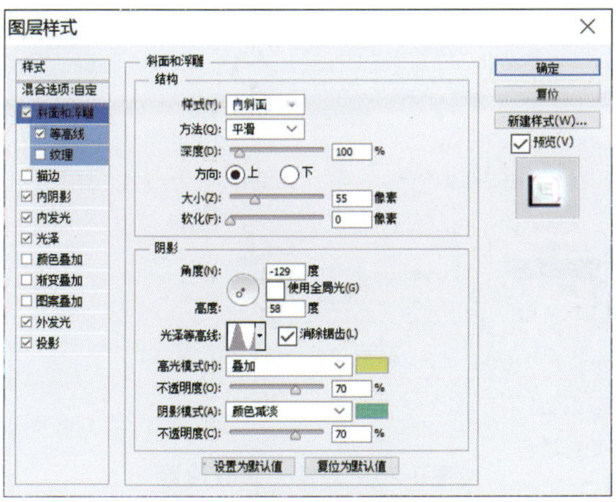

图8-21　斜面和浮雕参数设置

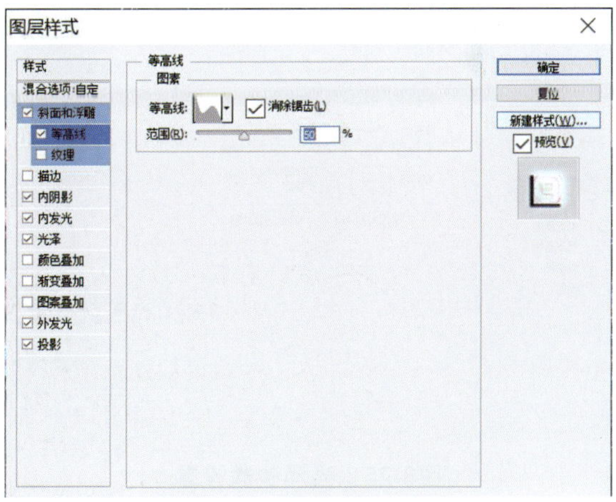

图8-22　等高线参数设置

⑩ 添加内阴影，混合模式选择颜色减淡，颜色为#ab60f1，不透明度35%，角度30度，勾选使用全局光，距离10像素，大小20像素（图8-23）。

⑪ 添加内发光，混合模式为正片叠底，不透明度35%，发光颜色为#ff1d48，方法为柔和，大小65像素，等高线选择锥形-反转（图8-24）。

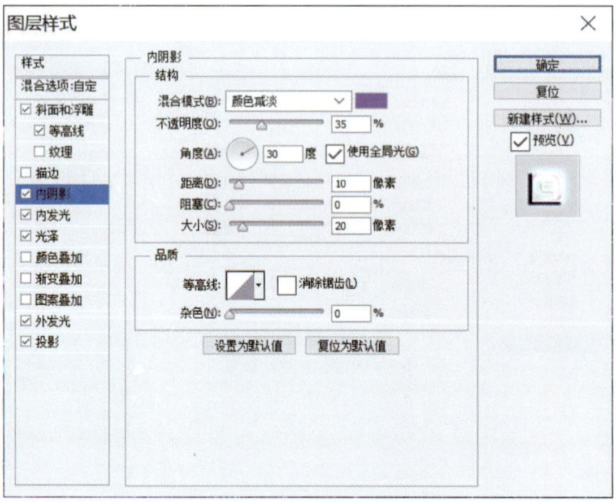

图8-23　内阴影参数设置

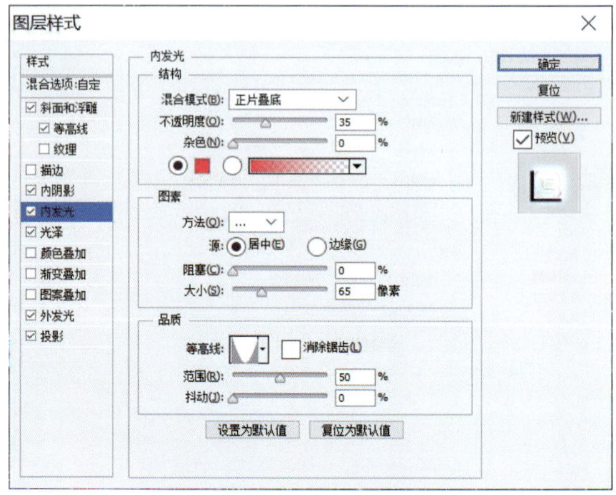

图8-24　内发光参数设置

⑫ 添加光泽，混合模式为颜色减淡，颜色为#ae8010，不透明度10%，距离143像素，大小95像素，等高线选择环形-双（图8-25）。

⑬ 添加外发光，混合模式选择线性减淡（添加），不透明度25%，颜色为#53abde，扩展8%，大小100像素（图8-26）。

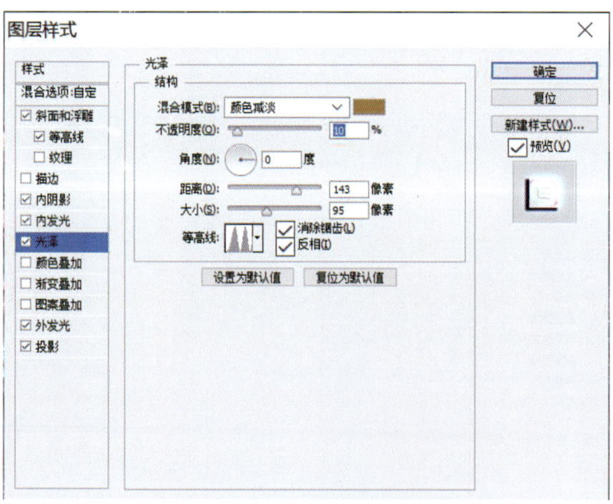

图8-25　光泽参数设置

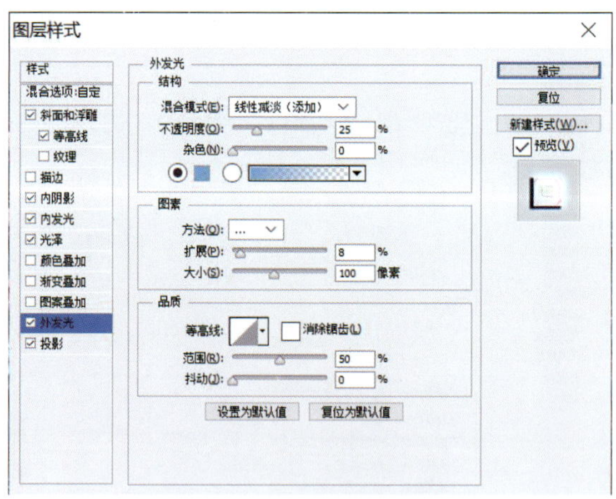

图8-26　外发光参数设置

⑭ 添加投影，混合模式为正片叠底，角度30度，勾选使用全局光，距离5像素，扩展30%，大小10像素（图8-27）。

银河系文本的最终效果如图8-28所示。

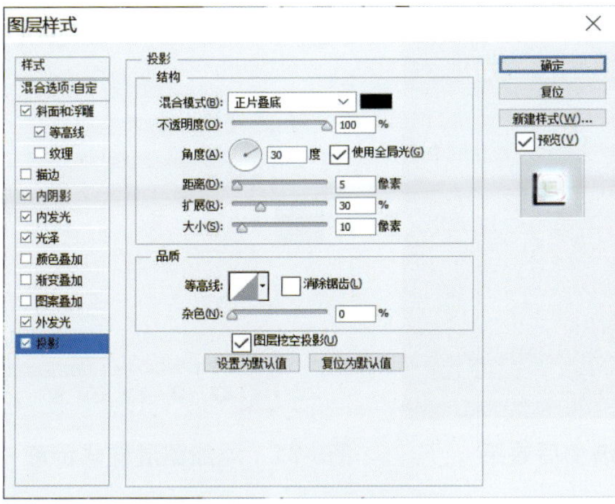

图8-27　投影参数设置

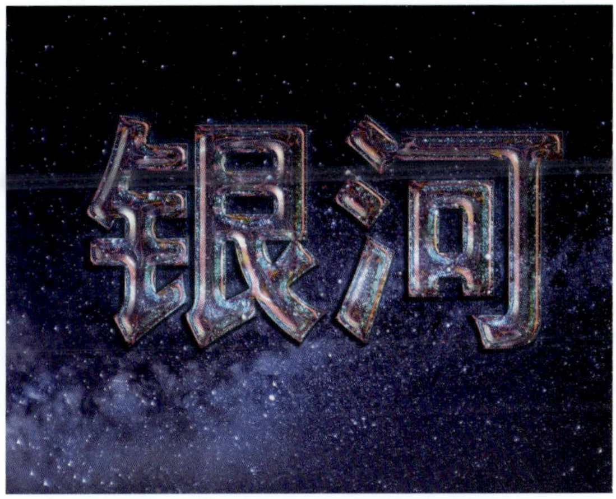

图8-28　银河系文本的最终效果

8.2 文字编辑与创意推广

8.2.1 操作实战33：金色祥云福字制作

本案例将制作带有金色祥云效果的“福”字。通过渐变填充背景、为福字添加斜面和浮雕样式、定义并叠加祥云图案、调整渐变映射与色彩平衡等步骤，打造出具有传统美感的金色祥云福字。目的是让学习者掌握图案库管理（定义、叠加图案）、图层样式组合应用以及色彩调整的技巧，培养其对传统元素进行创意设计的能力，理解设计流程中各环节的协同逻辑。

本案例素材位置：出版社官网/搜本书名/资源下载/案例素材/第8章/操作实战33 金色祥云福字制作。

① 新建文档800像素×600像素，背景白色（图8-29）。

② 选择“渐变工具”，颜色从暗红（RGB109、33、13）到深红（RGB58、32、26），然后径向渐变由画布中心向边角拉出（图8-30）。

▶ 微课视频 ◀

③ 将福字素材导入文件中，调整素材的大小和位置，双击素材缩览图后面区域或者点击“图层”面板添加图层样式按钮（图8-31）。

图8-29　新建文档设置

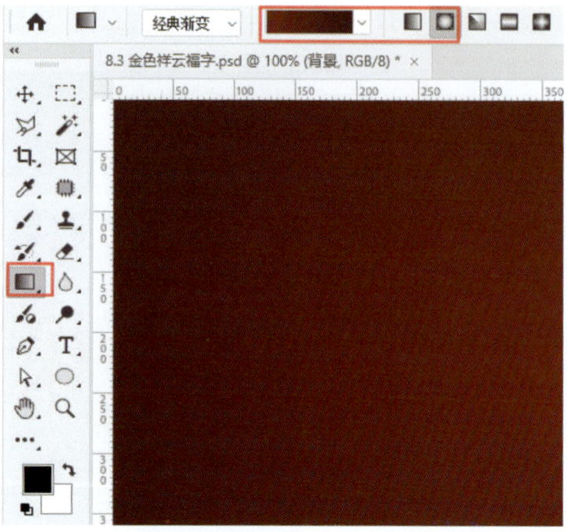

图8-30　填充线性渐变后效果

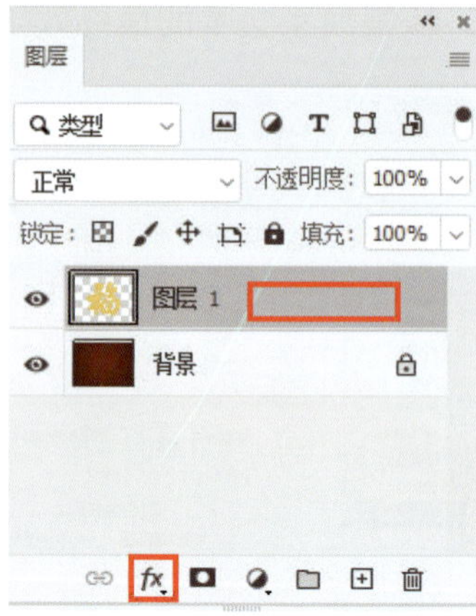

图8-31　添加图层样式示意

④ 在“图层样式”面板中选择斜面和浮雕，样式为外斜面，方法为雕刻清晰，深度为969%，大小为8像素，角度为－110度，高度为30度，不使用全局光，高光模式为正常，颜色为RGB（250、188、20），不透明度100%，阴影模式为正常，颜色为RGB（0、0、0），不透明度为100%（图8-32）。

⑤ 选择“图层”面板，将填充降为0，更改后效果如图8-33。

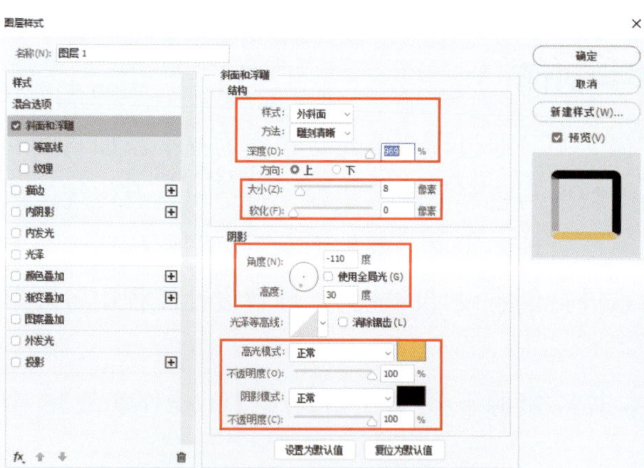

图8-32　图层样式面板参数设置

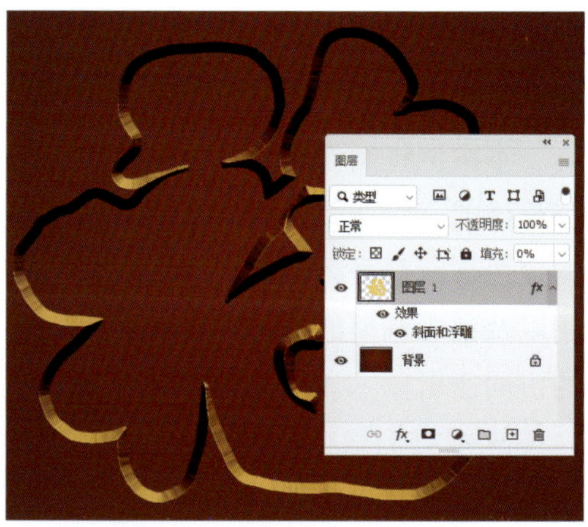

图8-33　更改填充数值后效果

⑥ 打开祥云素材文件，使用“选框工具”框选素材，再选择“菜单栏”＞“编辑”＞“图案”，将图案命名为祥云（图8-34）。

⑦ 选择“福”字图层，按Ctrl+J键复制当前图层，单击鼠标右键选择清除图层样式（图8-35）。

图8-34　定义祥云图案

⑧ 选择当前“福”字图层，添加图案叠加图层样式，图案选择“祥云”，将缩放值设置为40%（图8-36）。

图8-35 拷贝福字图层后的效果

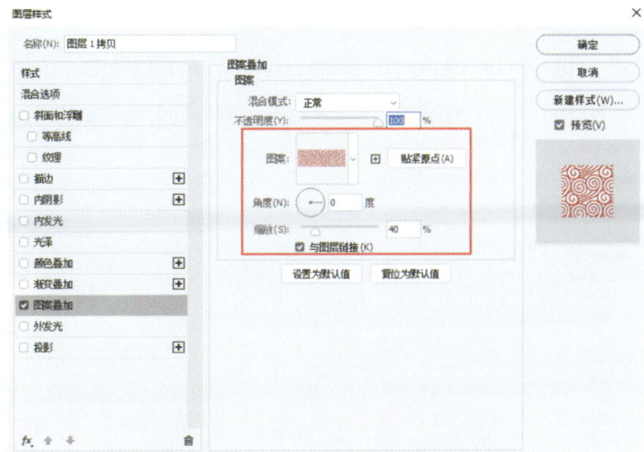

图8-36 图案叠加参数设置

⑨ 按住Ctrl键+鼠标左键点击当前图层文字缩览图载入选区，点击“图层”面板按钮创建渐变映射调整图层，颜色分别设置为RGB（252、237、28）、RGB（201、139、18）、RGB（92、51、20）、RGB（201、139、18）、RGB（252、237、28）（图8-37）。

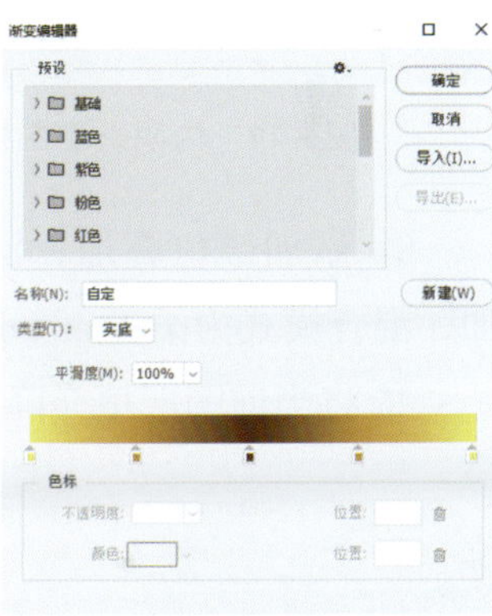

图8-37 渐变编辑器参数设置

⑩ 调整“福”字的颜色，创建色彩平衡调整图层，对中间调、高光进行调整，具体参数如图8-38、图8-39。

⑪ 创建剪贴蒙版（Ctrl+Alt+G），选择图层1进行复制（Ctrl+J），按鼠标左键并拖拽至最顶层（Ctrl+Shift+]），单击鼠标右键选择清除图层样式（图8-40）。

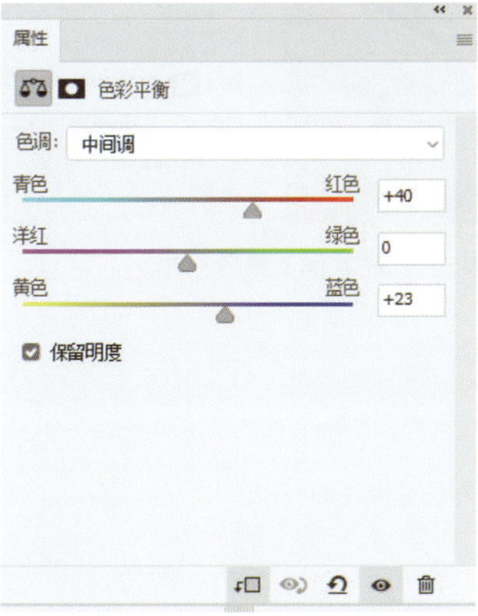

图8-38 色彩平衡调整图层中间调参数设置

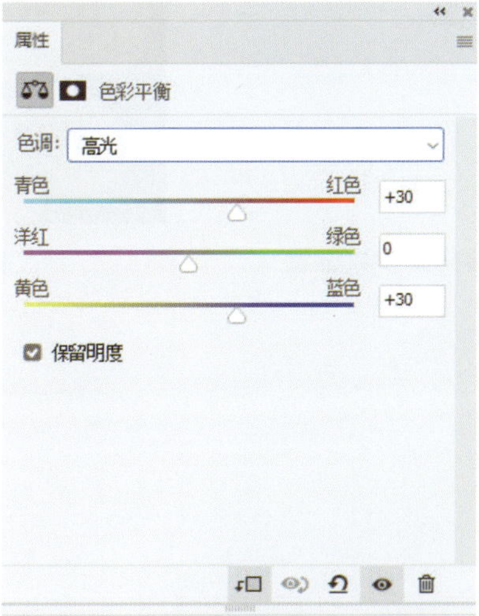

图8-39 色彩平衡调整图层高光参数设置

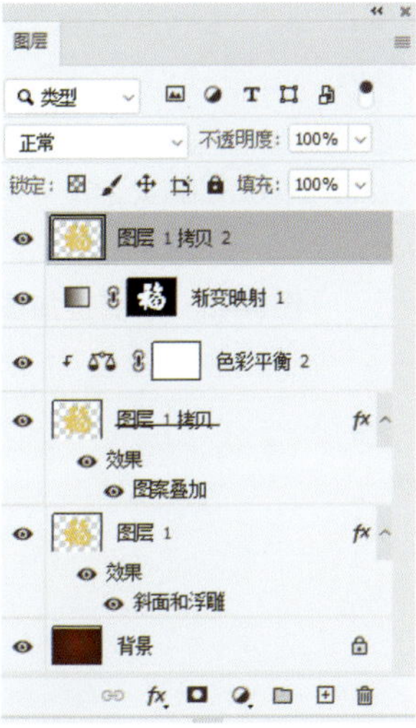

图8-40 拷贝图层后效果

⑫ 给当前图层添加图层样式，选择内阴影，混合模式为强光，颜色为RGB（241、169、44），角度为－90度，不使用全局光，距离15像素，阻塞40%，大小25像素（图8-41）。

⑬ 添加斜面和浮雕，样式为内斜面，方法为雕刻清晰，大小为40像素，不使用全局光，角度为120度，高度为60度，高光模式和阴影模式为叠加（图8-42）。

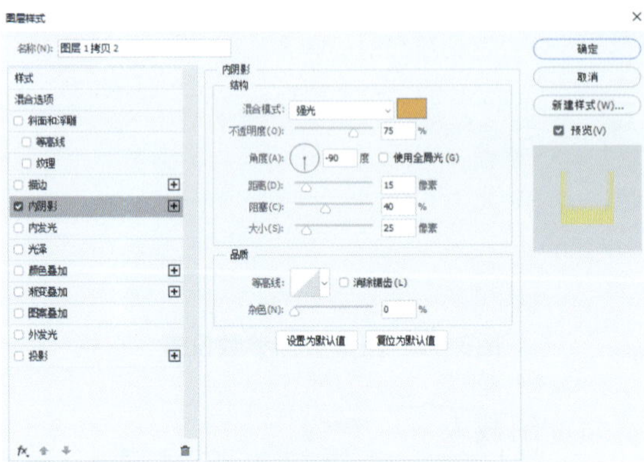

图8-41　内阴影图层样式参数设置

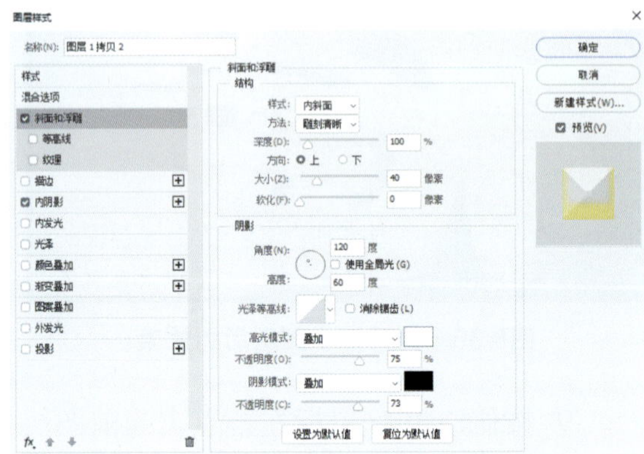

图8-42　斜面和浮雕图层样式参数设置

⑭ 添加颜色叠加，混合模式为颜色，颜色为RGB（215、143、68），添加渐变叠加，混合模式为柔光，不透明度为40%，样式为对称的（图8-43）。

⑮ 将当前图层填充降低为0%，得到祥云福字的最终效果（图8-44）。

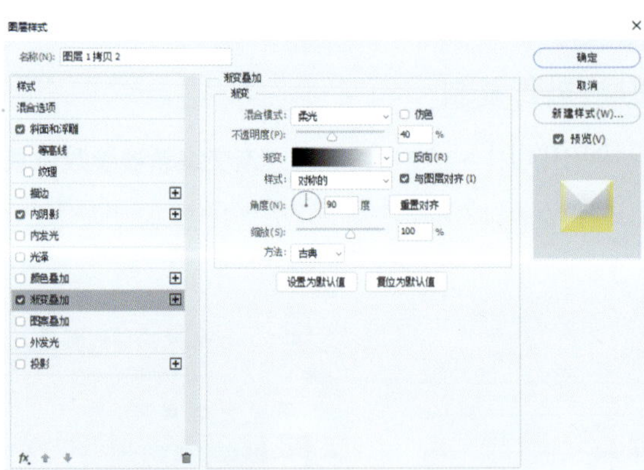

图8-43　渐变叠加图层样式参数设置

图8-44　祥云福字最终效果

技术讲堂：管理图案库

载入图案库

从“图案”弹出式面板中选取以下选项之一：

“载入图案”可将库添加到当前列表。选择要使用的库文件，然后单击“载入”。

“替换图案”会用另一个库替换当前列表。选择要使用的库文件，然后单击“载入”。

库文件（显示在面板的底部）。单击“确定”以替换当前列表，或者单击“追加”以追加到当前列表。

将一组预设图案存储为库

从“图案”弹出式面板中选取“存储图案”。

选取图案库的位置，输入文件名，然后单击“存储”。

可以将库存储在任何位置。但是，如果将库文件放在默认位置的Presets/Patterns文件夹中，重新启动Photoshop后，库名称将出现在“图案”弹出式面板。

返回到默认图案库

从“图案”弹出式面板中选取“复位图案”。可以替换当前列表或将默认库追加到当前列表。

如果使用未定义的图案预设，或者通过复位或替换图案库来抹除正在使用的预设，请从“图案”弹出式面板中选取“新建图案”以重新定义图案。

重命名预设图案

选择要重命名的图案，并从面板中选取“重命名图案”。

为图案输入新名称并单击“确定”。

删除预设图案

执行下列操作之一：

选择要删除的图案，并从面板中选取“删除图案”。

按住Alt键（Windows）或Option键（Mac OS），将指针放置在图案上（指针将变成剪刀状）并单击。

8.2.2 操作实战34：文字面孔海报制作

本案例将制作以“文字面孔”为主题的海报。通过将“文字面孔”相关文字铺满面孔图像，添加图层样式，使用置换滤镜让文字贴合面部轮廓，并通过调整图层混合模式和曲线优化效果，最终形成文字与面孔融合的创意海报。目的是让学习者掌握文字排版、图层蒙版使用、置换滤镜应用等技巧，理解文字与图像的创意结合方法，提升滤镜与文字协同设计的能力。

本案例素材位置：出版社官网/搜本书名/资源下载/案例素材/第8章/操作实战34 文字面孔海报制作。

① 打开8.4文字面孔海报素材，复制图层得到背景拷贝，选择“菜单栏”>“图像”>“调整”>“黑白”，使用默认参数，创建黑白效果（图8-45）。

② 选择“菜单栏”>“滤镜”>“模糊”>“高斯模糊”，半径为10像素，将图像存储为Psd格式，命名为“黑白”（图8-46）。

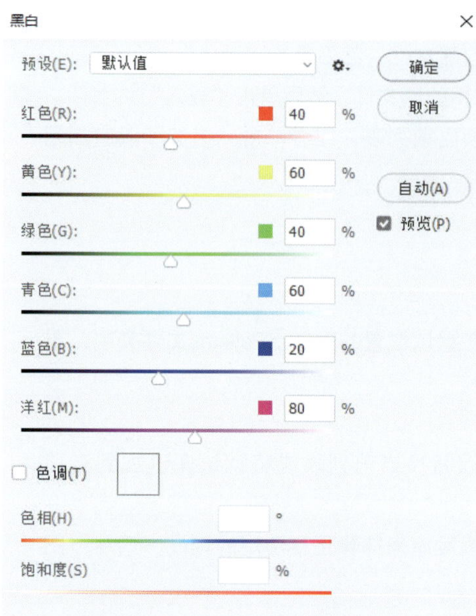

图8-45 “黑白”面板参数

图8-46 高斯模糊参数设置

▶ 微课视频 ◀

③ 选择文字工具，输入“文字面孔”，在窗口中打开“字符”面板，进行设置（图8-47）。

④ 按Ctrl+G键将文字图层编入图层组1中，给当前组添加图层样式，选择投影，混合模式为正常，颜色为#9d0000，不透明度100%，角度120度，距离5像素（图8-48）。

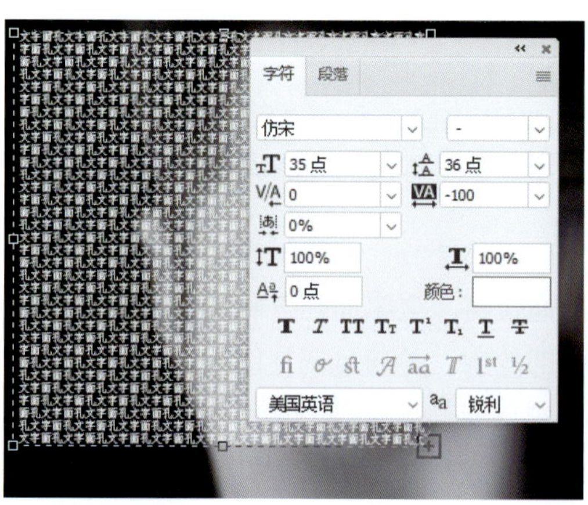

图8-47 “字符”面板设置

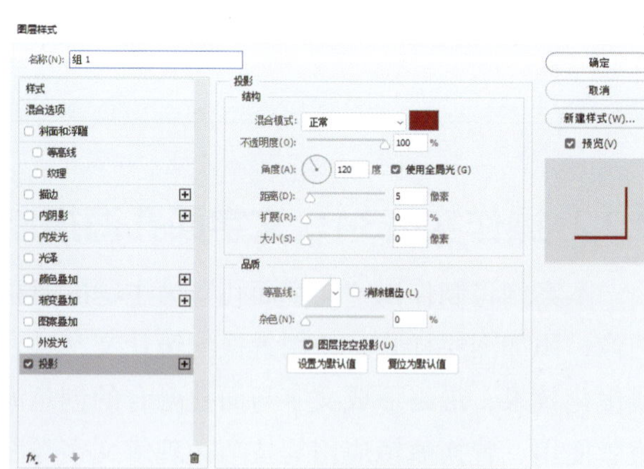

图8-48 投影参数设置

⑤ 复制文字图层，并且移动其位置，可以使用旋转和缩放，直到铺满整个面孔（图8-49）。

⑥ 点击图层组1前面的按钮V，将其收缩后添加图层蒙版，使用黑色画笔进行涂抹，使皮肤之外的文字进行隐藏（图8-50）。

⑦ 按Ctrl+G创建图层组2，使用文字工具输入“文字面孔海报”，复制并调整文字大小，分别放置在额头、鼻梁、颧骨和锁骨上（图8-51）。

图8-49　铺满面孔后效果

图8-50　创建图层组蒙版

图8-51　文字排版效果

⑧ 给刚才的文字图层添加描边和投影效果（图8-52、图8-53）。

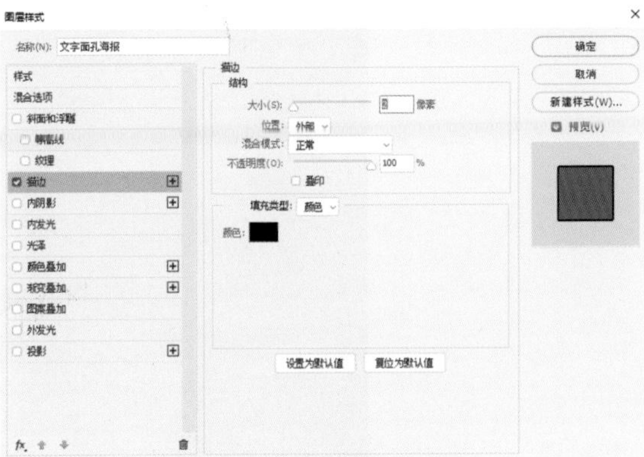

图8-52　描边参数设置

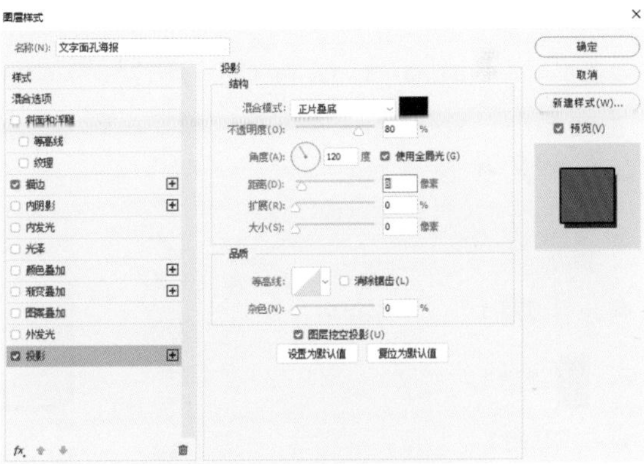

图8-53　投影参数设置

⑨ 将背景和背景拷贝图层的预览关闭，只显示图层组1和图层组2，按Ctrl+Shift+Alt+E键盖印图像（图8-54）。

⑩ 选择“菜单栏”>“滤镜”>“扭曲”>“置换”，参数选择默认，点击确定后选择之前存储的“黑白”Psd文件，然后点击打开（图8-55、图8-56）。

图8-54　盖印图像

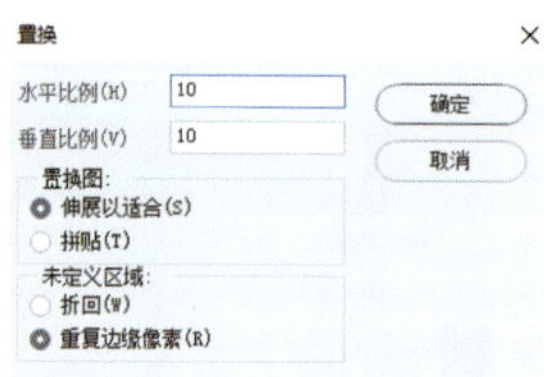

图8-55　置换面板

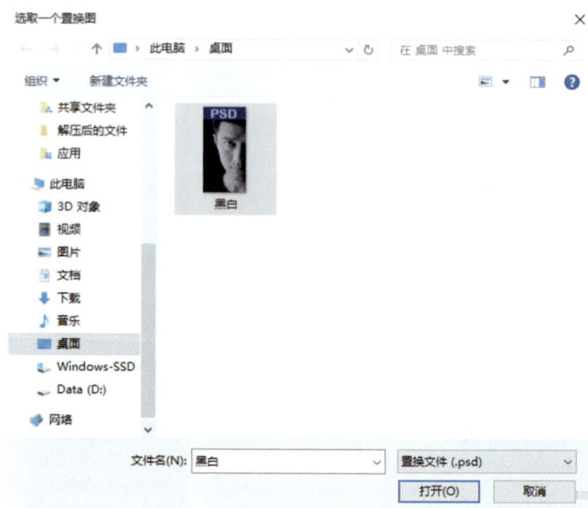

图8-56　选择置换图

⑪ 在“图层”面板中新建图层2，并将其放置在图层1下方填充黑色，按Ctrl+J键复制背景层得到背景拷贝2，将其放在最上方并更改为正片叠底（图8-57）。

⑫ 创建曲线调整图层，将曲线右上角的控制点向左拖拽，使文字色调变亮面孔更清晰（图8-58、图8-59）。

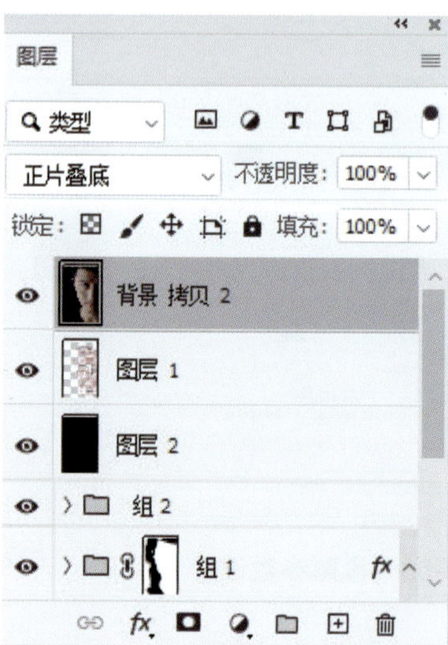

图8-57　“图层”面板操作

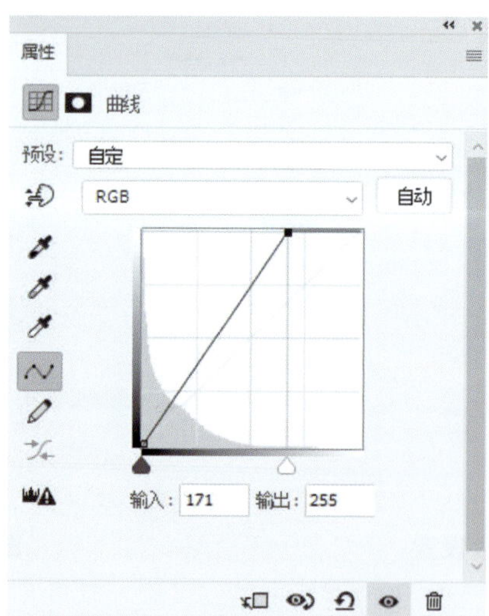

图8-58　“曲线”面板参数设置

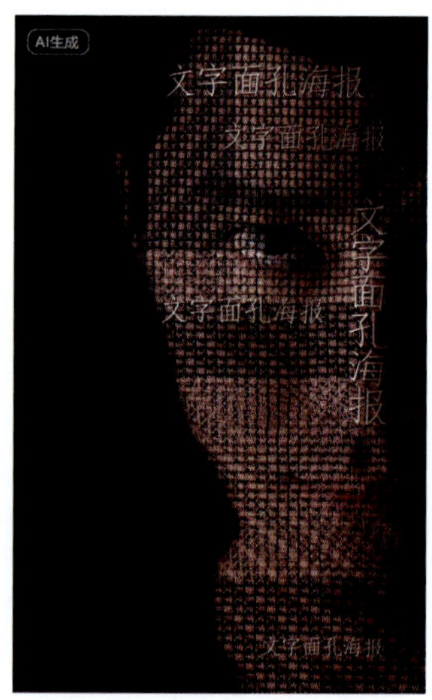

图8-59　文字面孔海报效果

8.3 AI辅助制作：清除水印文字

本案例将利用AI工具清除素材中的水印文字。通过魔术棒工具选取文字选区并扩展，再使用创成式填充功能去除文字，生成无水印的图像效果。目的是让学习者了解AI辅助设计的应用场景，掌握利用选区工具与AI功能结合处理图像瑕疵的技巧，提升高效处理设计素材的能力。

▶ 微课视频 ◀

本案例素材位置：出版社官网/搜本书名/资源下载/案例素材/第8章/清除水印文字。

① 打开“清除水印文字”素材，工具栏选择魔术棒工具，容差值设置为32，将所有文字进行选择（图8-60）。

② 执行“菜单栏”>“选择”>“修改”>“扩展”，将文字选区向外扩展6像素（图8-61）。

③ 点击创成式填充，输入清除文字，点击生成后在属性栏选择最佳效果（图8-62）。

图8-60　选择“水印”文字

图8-61　扩展选区设置

图8-62　清除文字效果

拓展训练

拓展主题：制作金属质感文字。

训练要求：运用文字工具输入“白色文字”，灵活运用PS中“斜面与浮雕”“渐变叠加”等功能制作金属质感文字，最后通过图层蒙版创建文字投影完成最终效果。

步骤指导：

① 使用文字工具输入白色文字；

② 给文字添加“斜面和浮雕”图层样式；

③ 新建图层，收缩文字选区，填充黑色；

④ 选择黑色文字图层，添加“渐变叠加”图层样式；

⑤ 新建图层，调出文字选区，填充白色，添加图层蒙版，选择画笔添加效果；

⑥ 合并文字图层，添加图层蒙版并填充黑白线性渐变图层不透明度为30%，制作文字倒影得到最终效果（图8-63）。

图8-63 金属质感文字

第9章 视频与动画

知识目标 ● 掌握Photoshop支持的视频格式类型，理解“时间轴”面板的核心功能与组成，熟悉基础视频制作的全流程知识，掌握GIF动画制作的关键知识，了解视频存储与渲染的专业知识。

能力目标 ● 具备独立使用Photoshop完成基础视频制作的能力，能够熟练制作各类GIF动画，具备灵活操作“时间轴”面板的能力，拥有视频与动画优化调整能力，可根据输出需求选择合适的存储与渲染方式。

素质目标 ● 培养严谨细致的工作态度，在视频与动画制作中，注重参数设置的准确性；提升创新思维与审美能力，在添加动感效果、过渡效果及设计GIF动画时，能够结合主题构思独特的动态表现形式；增强文化传承与表达意识，深入理解主题背后的文化内涵，通过动态设计将文化元素生动呈现。

重点难点 ● 重点：“时间轴”面板的操作与应用。

难点：GIF动画的帧逻辑设计与优化。

思维导图 ●

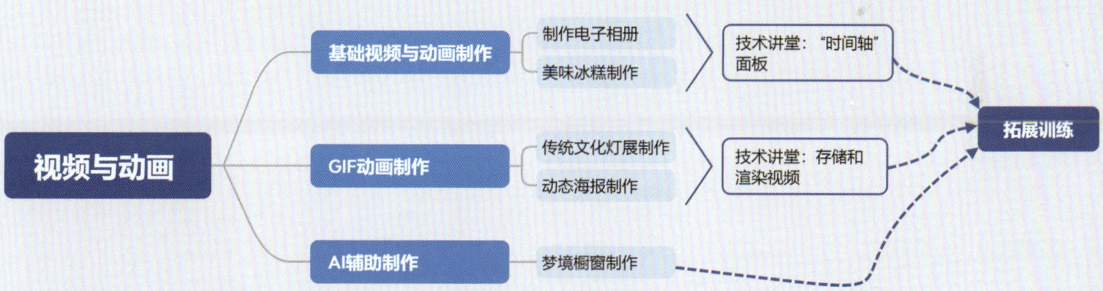

9.1 基础视频与动画制作

在Photoshop中可以打开和编辑的视频格式包括MPEG-1（.mpg或.mpeg）、MPEG-4（.mp4或.m4v）、MOV、AVI。如果计算机上安装了MPEG-2编码器，则可以支持MPEG-2格式。

9.1.1 操作实战35：制作电子相册

本案例旨在通过Photoshop制作一个基础的电子相册视频。目的是让学习者掌握基础视频制作的全流程，包括新建符合视频规格的文档，使用“时间轴”面板导入素材与音频，调整图层时长，添加动感效果和过渡效果，以及最终以合适的格式渲染输出视频，从而熟悉视频制作的核心操作和“时间轴”面板的应用。

本案例素材位置：出版社官网/搜本书名/资源下载/案例素材/第9章/操作实战35 制作电子相册。

微课视频

① 新建文档，选择胶片和视频中的“HDTV 1080P”，将其命名为电子相册（图9-1）。

② 在菜单栏的“窗口”面板中开启“时间轴”，单击创建视频时间轴，将素材导入文档中（图9-2）。

图9-1　新建文档

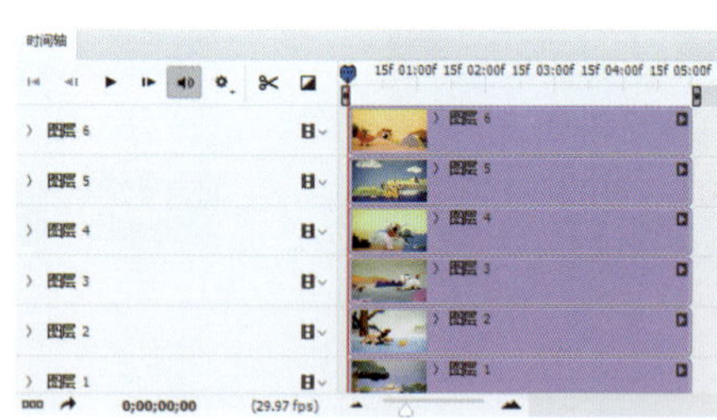

图9-2　导入素材的时间轴

③ 用鼠标左键单击音轨右侧的∨按钮，在弹出的菜单选择添加音轨，将“背景音乐”导入（图9-3）。

④ 用鼠标左键拖拽各个图层的时长，让其合理地排列在时间轴上（图9-4）。

⑤ 单击图层1右侧的按钮，添加动感效果，并选择缩放（图9-5）。

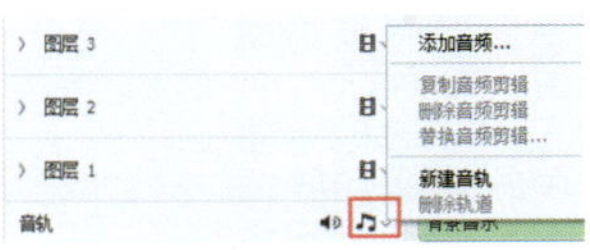

图9-3　添加音频

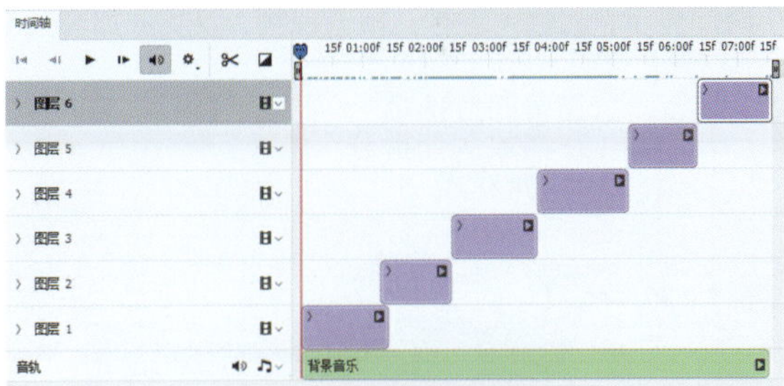

图9-4　调整图层时长

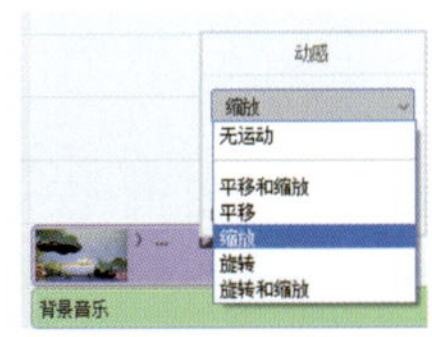

图9-5　添加动感效果

⑥ 选择过渡效果并拖动以应用◪按钮，选择合适效果按住鼠标左键拖入素材（图9-6）。

⑦ 单击“时间轴”面板左下角按钮，弹出“渲染视频”对话框，设置参数以.mp4格式渲染视频文件（图9-7）。

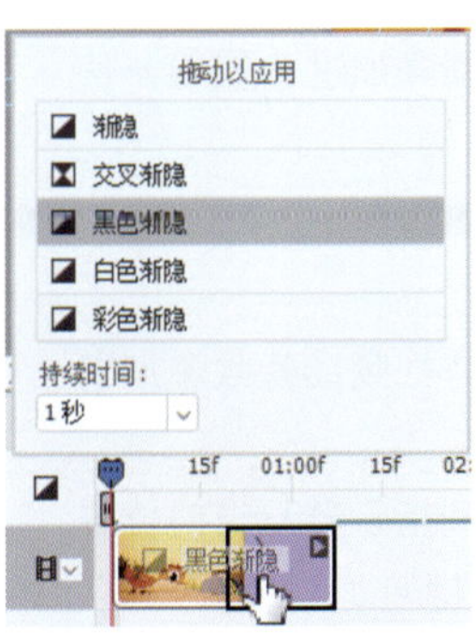

图9-6　添加过渡效果

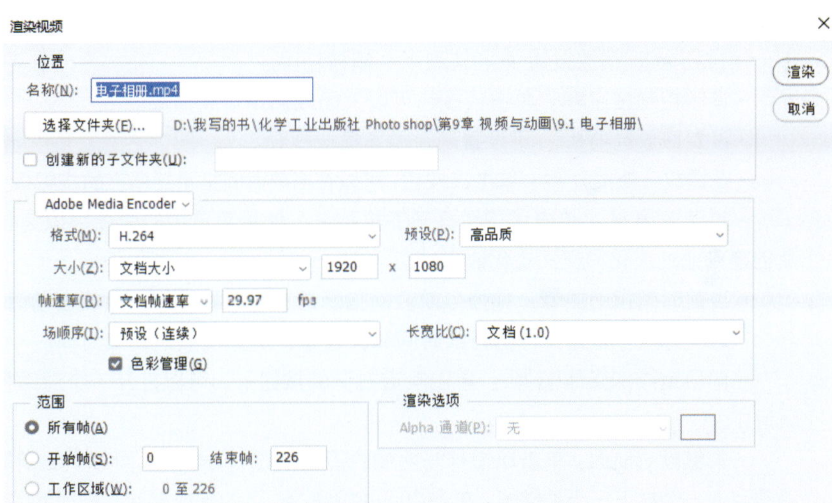

图9-7　渲染视频窗口设置

技术讲堂："时间轴"面板

创建或打开视频文件后，"时间轴"面板中会显示视频的持续时间，使用面板中的工具可以浏览各个帧，放大或缩小时间显示，删除关键帧、预览视频，以及添加音频（图9-8）。

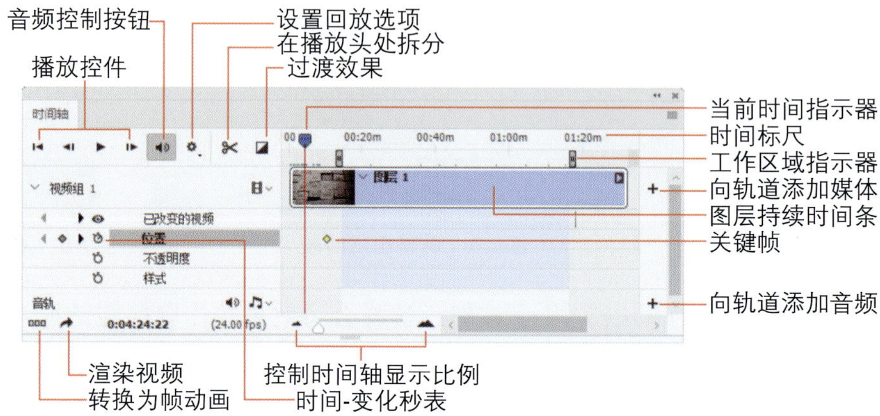

图9-8 "时间轴"面板解析

• 播放控件：提供了用于控制视频播放的按钮，包括转到第一帧按钮、转到上一帧按钮、播放按钮和转到下一帧按钮。

• 音频控制按钮：单击该按钮可以关闭或启用音频播放。

• 设置回放选项：可设置是否循环播放视频。

• 在播放头处拆分：单击该按钮，可以在当前时间指示器所在的位置拆分视频或音频。

• 过渡效果：单击该按钮打开下拉菜单，使用菜单中的命令可以为视频添加过渡效果，从而创建专业的淡化和交叉淡化效果。

• 当前时间指示器：拖拽当前时间指示器，可以导航帧、更改当前时间或帧。

• 时间标尺：根据文件的持续时间和帧速率，测量视频的持续时间。

• 向轨道添加媒体/音频：单击轨道右侧的按钮+，可以打开一个对话框将视频或音频添加到轨道中。

• 关键帧导航器：单击轨道标签两侧的箭头按钮，可以将当前时间指示器从当前位置移动到上一个或下一个关键帧；单击中间的按钮可添加或删除当前时间的关键帧。

• 时间-变化秒表：启用或停用图层属性的关键帧设置。

• 转换为帧动画：单击该按钮，可以将"时间轴"面板切换为帧动画模式。

• 渲染视频：单击该按钮，可以打开"渲染视频"对话框。

• 控制时间轴显示比例：可单击两侧按钮或拖拽滑块来调整时间轴长度。

• 视频组：可以编辑和调整视频。例如，单击按钮可以打开下拉菜单，菜单中包含"添加媒体""新建视频组"等命令。在视频剪辑上单击鼠标右键可以调出"持续时间"和"速度"选项。

• 音轨：可以编辑和调整音频。例如，单击按钮，可以让音轨静音，再次单击可取消静音；在音轨上单击鼠标右键打开下拉菜单，可调节音量或对音频进行淡入、淡出设置；单击音符按钮打开下拉菜单，可以执行“新建音轨”或“删除音频剪辑”等命令。

• 帧模式时间轴面板：打开“时间轴”面板，如果面板为时间轴模式，可以单击按钮，切换为帧模式。“时间轴”面板会显示动画中每帧的缩览图，使用面板底部的工具可浏览各个帧、设置循环选项、添加和删除帧及预览动画（图9-9）。

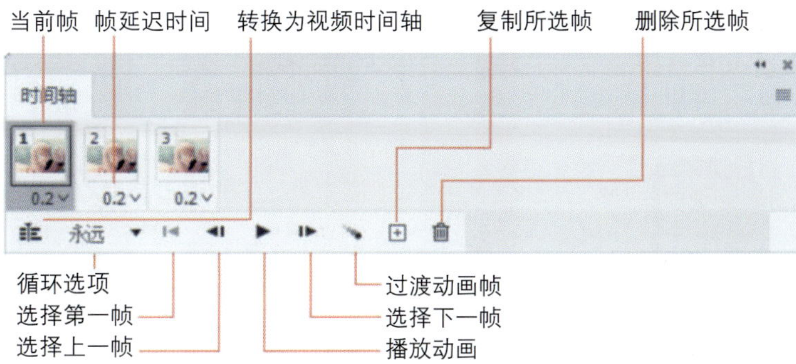

图9-9 “帧模式时间轴”面板

当前帧：当前选择的帧。

帧延迟时间：设置帧在回放过程中的持续时间。

循环选项：设置动画的播放次数。

选择第一帧：单击该按钮，可以自动选择序列中的第一帧作为当前帧。

选择上一帧：单击该按钮，可以选择当前帧的前一帧。

播放动画：单击该按钮，可以在文档窗口中播放动画，再次单击则停止播放。

选择下一帧：单击该按钮，可以选择当前帧的下一帧。

过渡动画帧：如果要在两个现有帧之间添加一系列过渡帧，并让新帧之间的图层属性均匀变化，可单击该按钮，打开“过渡”对话框进行设置。

转换为视频时间轴：单击该按钮，面板中会显示视频编辑选项。

复制所选帧：单击该按钮，可以在面板中添加复制的帧。

删除所选帧：删除当前选择的帧。

9.1.2 操作实战36：美味冰糕制作

▶ 微课视频 ◀

本案例将制作一个“美味冰糕”的GIF动画。目的是让学习者掌握GIF动画制作的关键流程，包括创建帧模式时间轴、通过复制帧和控制图层显示状态制作动画帧、设置帧延迟时间和循环次数，以及将作品导出为GIF格式，理解GIF动画的帧逻辑设计。

本案例素材位置：出版社官网/搜本书名/资源下载/案例素材/第9章/操作实战36 美味冰糕制作。

① 打开“美味冰糕制作”素材，菜单栏选择“窗口”>“时间轴”，选择帧模式时间轴（图9-10）。

图9-10 创建帧模式时间轴

② 点击复制所选帧⊞，创建第2帧，在“图层”面板中关闭“冰糕1”图层预览（图9-11）。

③ 继续点击复制所选帧⊞，创建第3帧，在“图层”面板中关闭“冰糕2”图层预览，创建第4帧，在“图层”面板中关闭“冰糕3”图层预览，创建第5帧，在“图层”面板中关闭“冰糕4”图层预览，创建第6帧，在“图层”面板中关闭“冰糕5”图层预览（图9-12、图9-13）。

图9-11　创建第2帧设置

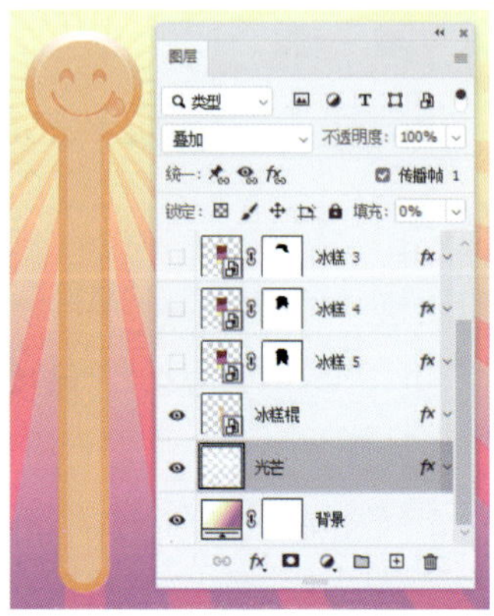

图9-12　“图层”面板设置

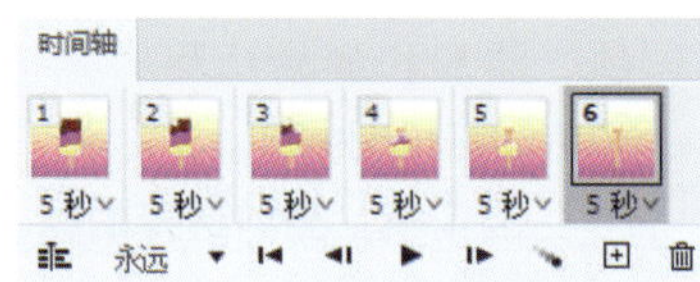

图9-13　“时间轴”面板设置

④ 全选所有帧，点击帧预览下方的∨按钮，在弹出的菜单中选择0.2，所有帧时间为0.2秒（图9-14）。

⑤ 点击复制所选帧⊞，创建第7帧，关闭光芒图层预览，复制第6、7帧，得到第8、9、10、11、12帧，实现光芒闪现效果（图9-15）。

⑥ 菜单栏选择“文件”>“导出”>“存储为Web所用格式（旧版）”命令将文件保存为GIF格式动画（图9-16）。

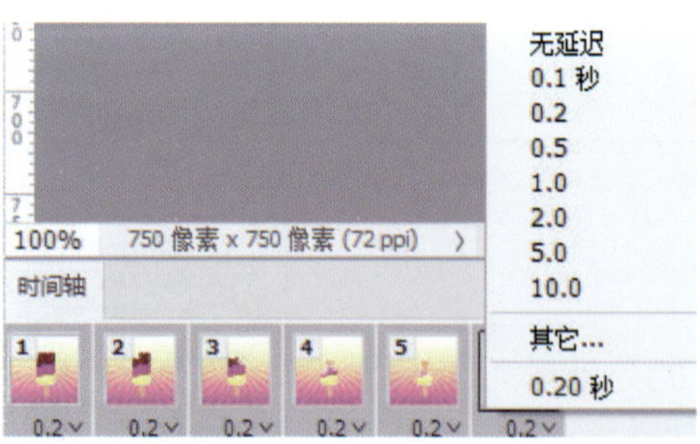

图9-14　帧时间设置

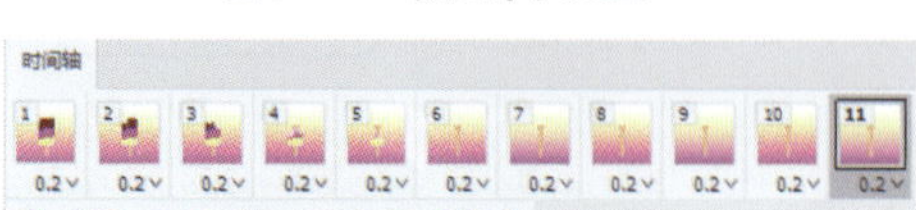

图9-15　时间轴设置

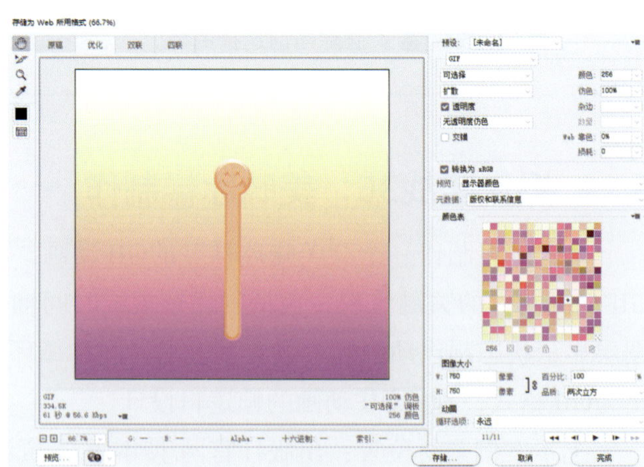

图9-16　存储为Web所用格式

9.2 GIF动画制作

9.2.1 操作实战37：传统文化灯展制作

本案例聚焦于制作具有传统文化元素的灯展GIF动画。目的是让学习者在掌握GIF动画制作基础上，学会结合文化主题进行动态设计，通过控制不同图层组（如“三字经”相关图层组、“桃树”图层组）的显示与隐藏来制作动画帧，同时掌握调整图像大小和优化GIF存储的方法，增强文化元素的动态呈现能力。

本案例素材位置：出版社官网/搜本书名/资源下载/案例素材/第9章/操作实战37 传统文化灯展制作。

微课视频

① 打开“传统文化灯展制作”素材，菜单栏选择“窗口”>“时间轴”，切换到帧模式时间轴（图9-17）。

② 单击复制所选帧⊞，创建第2帧，在“图层”面板中将“三字经”图层组关闭，开启“三字经拷贝”图层组（图9-18）。

③ 单击复制所选帧⊞，创建第3帧，在“图层”面板中将“三字经拷贝”图层组关闭，开启“三字经拷贝2”图层组，点开“桃树”图层组，将左上树、左下树、右下树、右上树光晕关闭预览（图9-19）。

④ 单击复制所选帧⊞，创建第4帧，在“图层”面板中将“三字经拷贝”图层组开启，“桃树”图层组开启“左下树”“右下树”（图9-20）。

图9-17 帧模式时间轴

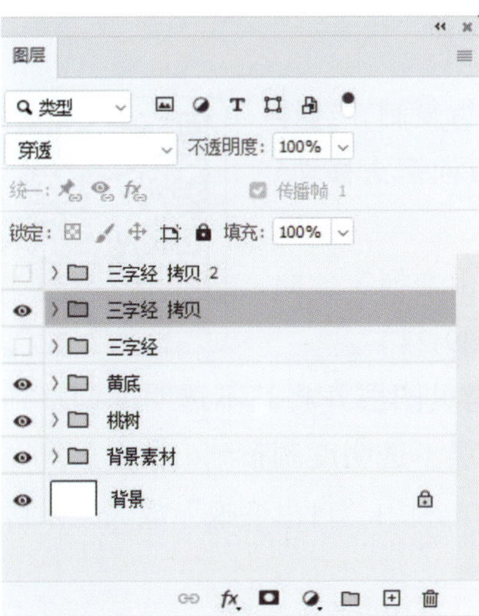

图9-18 “图层”面板设置1

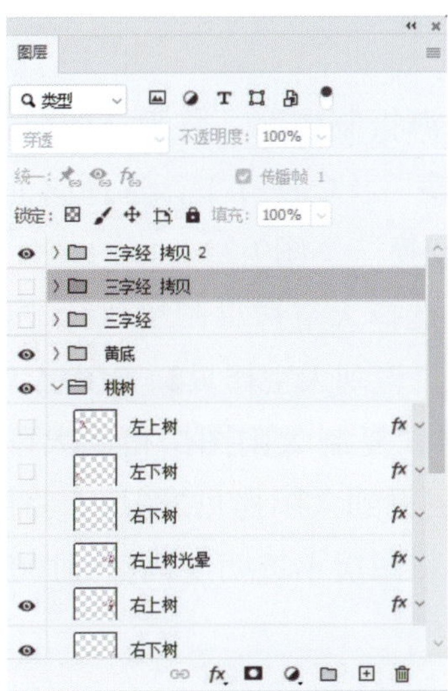

图9-19 “图层”面板设置2

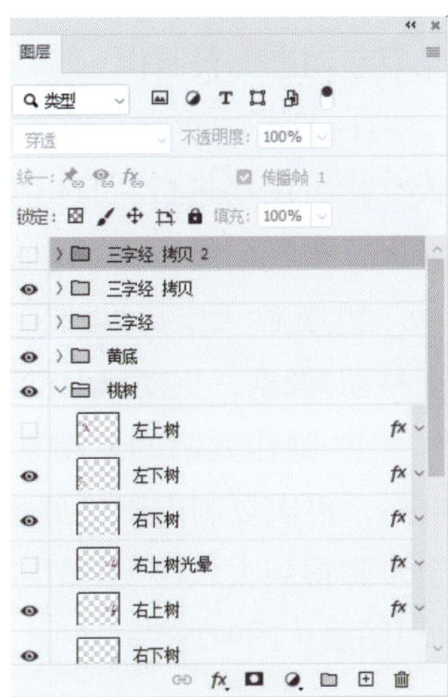

图9-20 “图层”面板设置3

⑤ 在时间轴上全选所有帧，将时间设置为0.2秒，循环次数为永远（图9-21）。

⑥ 菜单栏选择“文件”>“导出”>“像素存储为Web所用格式（旧版）”命令将文件保存为GIF格式动画，图像大小降低至1920像素×1357像素（图9-22）。

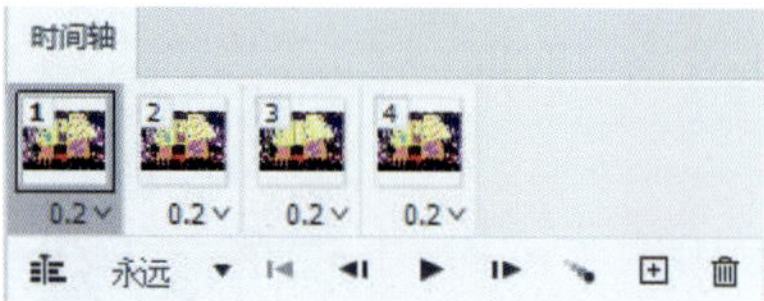

图9-21 “时间轴”面板设置

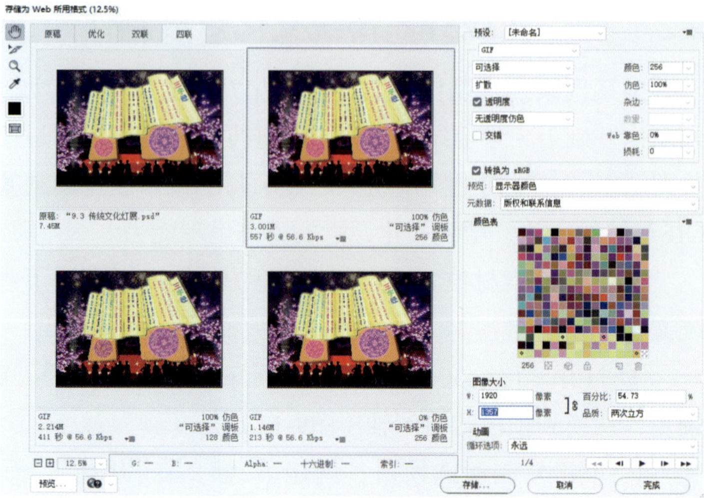

图9-22 存储为Web所用格式

9.2.2 操作实战38：建党百年动态海报制作

本案例将制作一个包含动态元素（如天空、太阳移动及文字渐显）的动态海报GIF动画。目的是让学习者掌握复杂动态效果的实现方法，包括通过复制图层并调整位置、不透明度等属性制作动态素材，在帧模式时间轴中按顺序控制图层显示以形成连续动画，设置不同帧的延迟时间，最终导出符合需求的GIF动画，提升动态设计的创新思维和细节处理能力。

本案例素材位置：出版社官网/搜本书名/资源下载/案例素材/第9章/操作实战38 建党百年动态海报制作。

① 打开“建党百年动态海报制作”，将天空图层进行复制，选择天空拷贝图层进行“自由变换”（Ctrl+T），选择向上方向箭头移动5像素，按Enter键取消“自由变换”（图9-23）。

▶ 微课视频 ◀

② 复制天空拷贝图层，选择天空拷贝图层执行“自由变换”，向上移动5像素，重复以上步骤，得到天空拷贝2、3图层（图9-24）。

③ 制作太阳的运动素材，复制太阳图层得到太阳拷贝图层并将其不透明度调整到46%，再次复制太阳拷贝图层得到太阳拷贝2图层，将图层不透明度调整到65%，重复以上步骤得到太阳拷贝3图层，将图层不透明度调整到100%，利用“自由变换”放大太阳拷贝3图层（图9-25）。

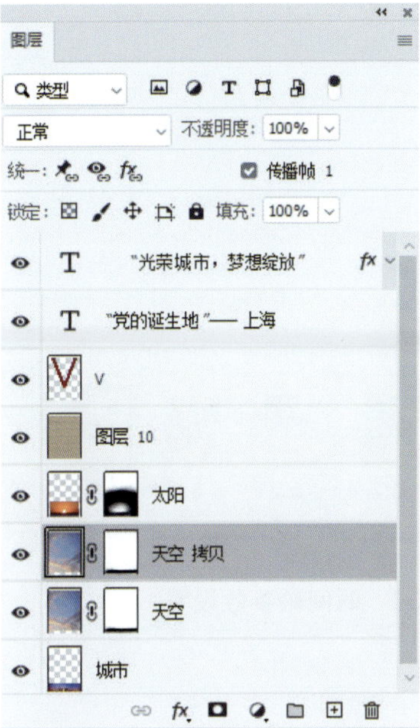

图9-23　复制“天空”图层

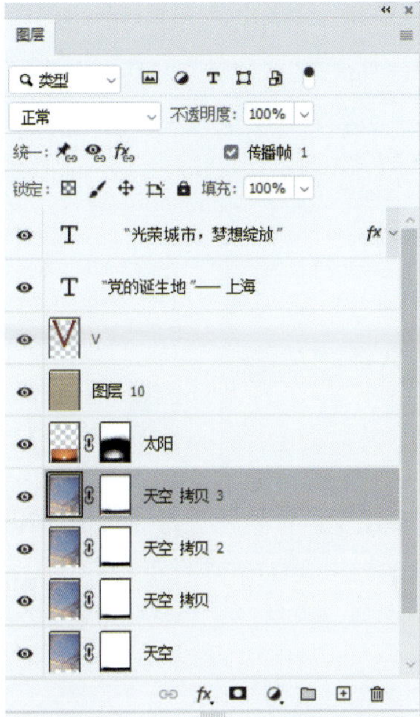

图9-24　“天空”图层素材制作

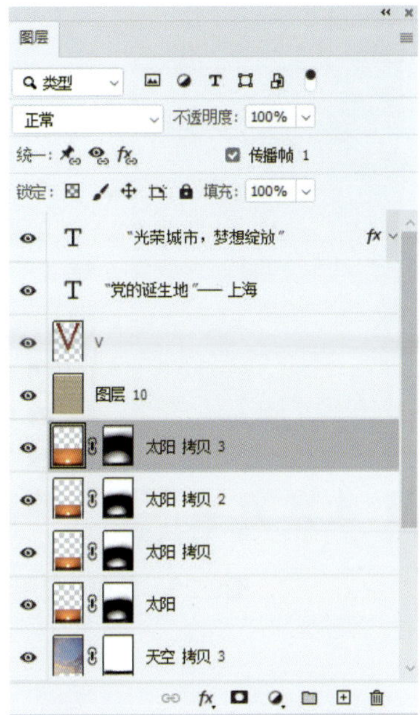

图9-25　“太阳”图层素材制作

④ 选择“菜单栏”>“窗口”>“时间轴”，创建帧模式时间轴，在第1帧将“天空”运动素材拷贝图层、“太阳”运动素材拷贝图层预览关闭（图9-26）。

⑤ 复制所选帧，关闭太阳、天空图层的预览，开启太阳拷贝、天空拷贝图层预览（图9-27）。

⑥ 复制所选帧得到第3、第4帧，重复以上步骤（图9-28）。

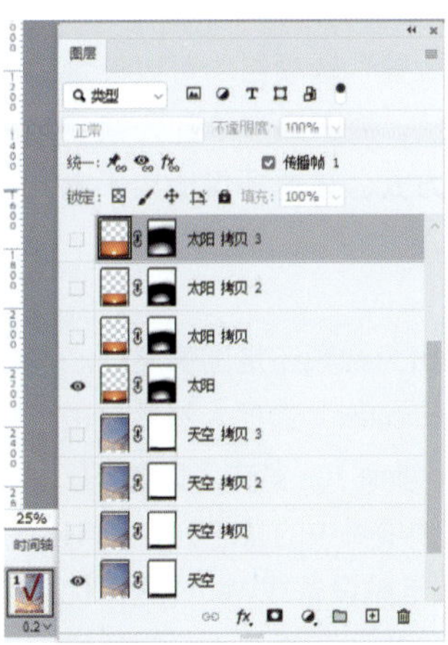

图9-26　第1帧图层设置

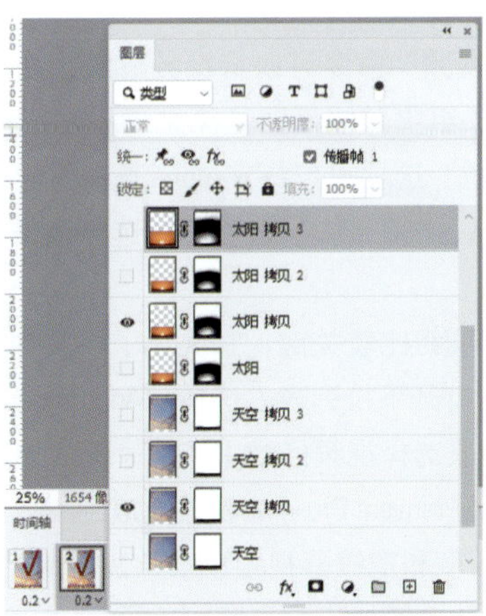

图9-27　第2帧图层设置

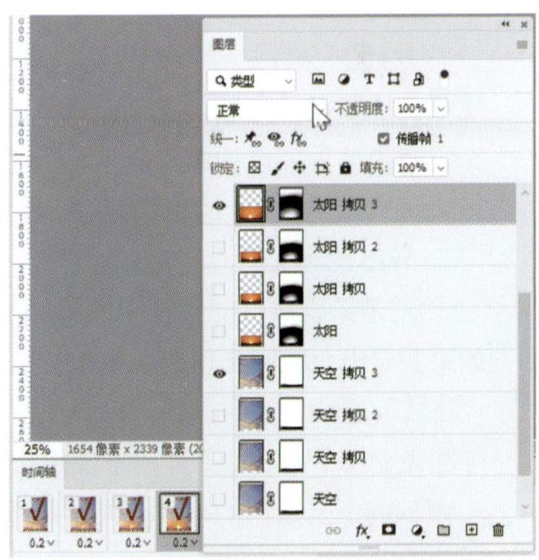

图9-28　第3、4帧图层设置

⑦ 创建第5关键帧，将V图层预览开启，创建第6帧，开启两个文字图层预览（图9-29）。

⑧ 选择前5帧将时间改为0.2秒，第6帧设置为0.5秒，循环方式为永远，菜单栏选择“文件”>“导出”>“存储为Web所用格式（旧版）”命令将文件保存为GIF格式动画（图9-30）。

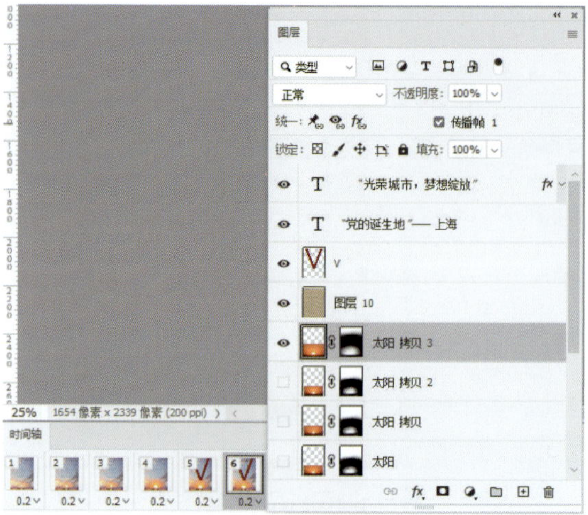

图9-29　第6帧图层设置

图9-30　时间轴参数设置

技术讲堂：存储和渲染视频

存储视频

在Photoshop中编辑视频之后，可以执行“文件>存储为”命令，将其存储为PSD格式。该格式能够保留用户所做的修改，并且文件可以在其他类似于Premiere Pro和After Effects等Adobe公司软件中播放，或在其他软件中作为静态文件被访问。

渲染视频

执行“文件”>“导出”>“渲染视频”命令可以将视频导出，在“位置”选项组中可以设置视频名称和存储位置。在“范围”选项组中可以设置渲染文件中的所有帧，或者只渲染部分帧。在“渲染选项”选项组中，“Alpha通道”选项可以指定Alpha通道的渲染方式，该选项仅适用于支持Alpha通道的格式，如PSD或TIFF格式；“3D品质”选项可以选择渲染品质。

导出视频文件

“渲染视频”对话框中的第2个选项组比较关键，它决定了将文件导出为视频还是图像序列。如果要导出为视频文件，可单击按钮，打开下拉列表，选择“Adobe Media Encoder”选项，然后单击“格式”选项右侧的按钮，打开下拉列表选择视频格式（DPX、H.264、Quick time）。其中，DPX（数字图像交换）格式主要适用于使用Adobe Premiere Pro等编辑器合成到专业视频项目中的帧序列；H.264（MPEG-4）是通用的格式，具有高清晰度和宽银幕视频预设，以及为平板电脑设备或Web传送而优化的输出性能。QuickTime是一个跨平台的多媒体架构，可以运行在Mac OS和Windows系统上。它的构成元素包括一系列多媒体操作系统扩展（在Windows系统上实现为DLL）、一套易于理解的API、一种文件格式，以及一套诸如QuickTime播放器、QuickTime ActiveX控件，以及QuickTime浏览器插件这样的应用程序。选择一种格式后，可以在下方的选项中设置文件大小、帧速率和像素长宽比等。

导出图像序列

选择“Photoshop图像序列”选项，可以导出图像序列。可以设置“起始编号”和“位数”选项（这些选项指定导出文件的编号系统），然后从“大小”选项中选取大小，以指定导出文件的像素大小。单击“设置”按钮，可以指定特定格式的选项。在“帧速率”选项中可以选择帧速率。

栅格化视频图层

执行“图层”>“视频图层”>“栅格化”命令，可以将视频图层栅格化，使其转换为图像。如果要一次栅格化多个视频图层，可以在“图层”面板中选择这些图层，并将当前时间指示器设置为要在顶部视频图层中保留的帧，然后执行“图层”>“栅格化”>“图层”命令。

9.3 AI辅助制作：梦境橱窗制作

本案例素材位置：出版社官网/搜本书名/资源下载/案例素材/第9章/梦境橱窗制作。

▶ 微课视频 ◀

① 打开“梦幻橱窗制作”，选择“菜单栏”>“选择”>“主体”，将图像中的香水选中，按Ctrl+J键复制得到图层1，选择“多边形套索工具”删除多余的投影（图9-31）。

② 在“图层”面板中新建图层，得到图层2，关闭背景图层预览，选择“矩形选框工具”全选图层2（图9-32）。

③ 在“上下文任务栏”中点击“创成式填充”按钮，输入提示词“盛夏的海滩，日落很美，光线柔和”，点击生成后在“属性”面板选择最佳效果（图9-33）。

图9-31 处理后的香水瓶

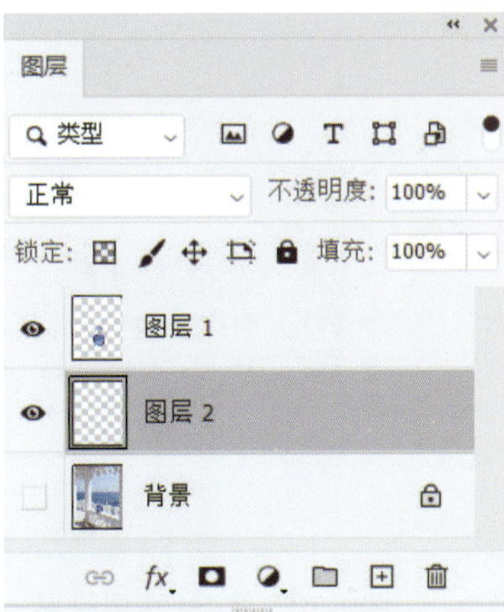

图9-32 全选图层2

图9-33 生成海滩后效果

④ 选择“矩形选框工具”全选图层2，在“上下文任务栏”中点击“创成式填充”按钮，输入提示词“带有玻璃门的桑拿房，地板为木地板，光线柔和”，点击生成后在“属性”面板选择最佳效果（图9-34）。

⑤ 继续选择“矩形选框工具”全选图层2，在“上下文任务栏”中点击“创成式填充”按钮，输入提示词“橙子、桃子、菠萝、紫罗兰等芳香物体在浅蓝色水面，画面中心是水面”，点击生成后在“属性”面板选择最佳效果（图9-35）。

⑥ 选择“菜单栏”>“窗口”>“时间轴”，创建“帧动画时间轴”，第1帧显示“背景”“图层1”（图9-36）。

⑦ 点击“复制所选帧”创建第2帧，开启“橙子、桃子”图层预览（图9-37）。

图9-34　生成桑拿房后效果

图9-35　生成水果后效果

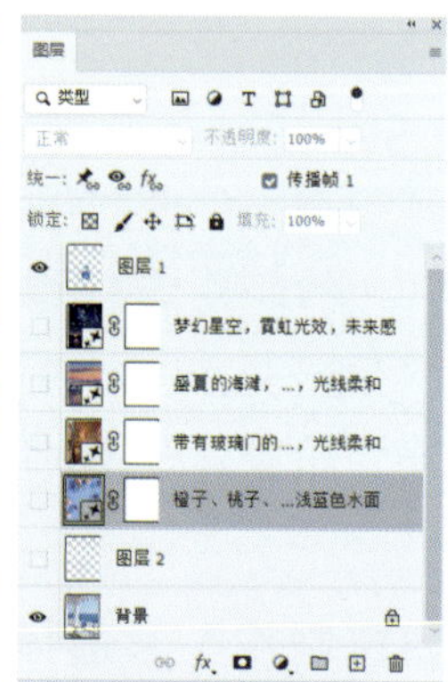

图9-36　第1帧图层设置

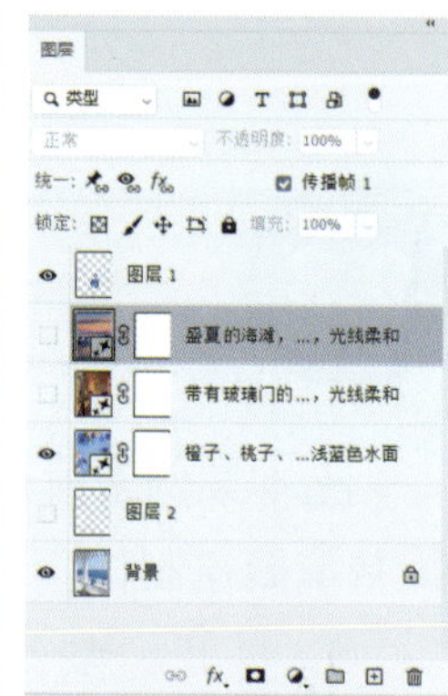

图9-37　第2帧图层设置

⑧ 点击“复制所选帧”创建第3帧，开启“桑拿房”图层预览（图9-38）。

⑨ 点击“复制所选帧”创建第4帧，开启“盛夏的海滩”图层预览（图9-39）。

⑩ 全选所有帧，将时间修改为0.2，循环方式为永远，在菜单栏选择“文件”>“导出”>“存储为Web所用格式（旧版）”命令，将文件保存为GIF格式动画（图9-40）。

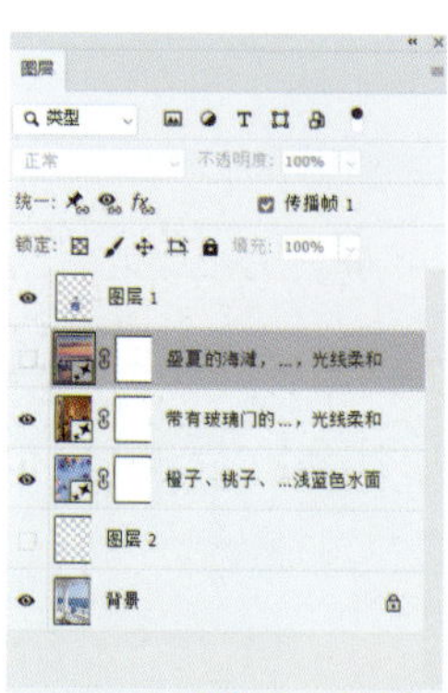

图9-38　第3帧图层设置

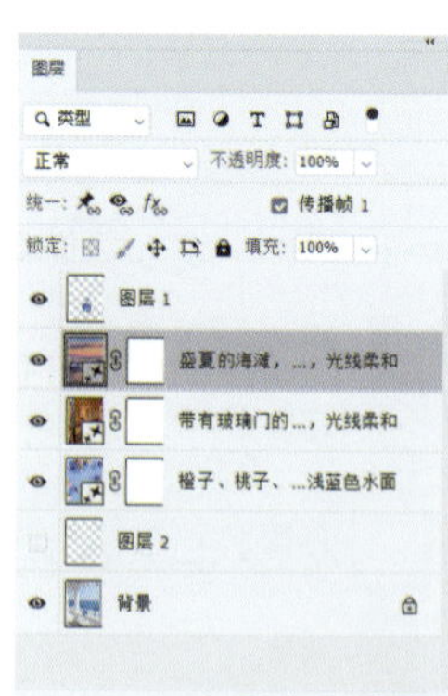

图9-39　第4帧图层设置

图9-40　“时间轴”面板设置

拓展训练

拓展主题：制作自然下雪动画。

训练要求：利用本书提供的素材或者自行寻找相关素材，灵活运用PS中的“Alpha通道”“高斯模糊”等功能制作雪花效果，导出下雪GIF动画。

素材位置：出版社官网/搜本书名/资源下载/案例素材/第9章/拓展训练　雪景素材。

步骤指导：

① 导入雪景素材，并查看素材文件的宽、高像素值。

② 新建前景色为白色、背景色为黑色的图层，并新建一个Alpha 1通道。

③ 执行“滤镜”>“像素化”>“点状化”菜单命令，参数设置为5。

④ 执行“图像”>“调整”>“色阶”菜单命令，将雪花进行柔化处理，执行“滤镜”>“模糊”>“高斯模糊”菜单命令，数值为1。

⑤ 新建966像素×875像素画布，并把制作的雪花图层拖曳进来，复制雪花直到铺满整个画布，并把混合模式改为“滤色”。

⑥ 选择“窗口”>“时间轴”菜单命令，在“时间轴”面板选择创建视频时间轴动画。单击面板右上角的下拉按钮，在下拉菜单中选择“设置时间轴帧速率”，然后将参数设置为15，导出最终GIF动态（图9-41）。

图9-41　自然下雪动画效果

第10章 生成式填充与生成图像

知识目标 ● 理解生成式填充与生成图像的核心概念，明确其在图像编辑领域的定义、作用及与传统图像修改技术的区别；熟悉生成式填充的典型应用场景，掌握生成式图像的创作流程，了解Photoshop中Firefly Image 3模型的功能特点；精通提示词的构建要素与优化方法，理解不同要素对AI生成结果的影响机制。

能力目标 ● 能独立完成自然场景优化全流程操作，可以通过Firefly Image 3模型生成图像，能针对不同创作需求撰写初始提示词，并通过多轮优化提升生成效果。可熟练选择DeepSeek模型生成图像提示词，并将其应用于Photoshop的生成式填充操作。

素质目标 ● 在图像生成与优化过程中，能敏锐关注画面细节、构图平衡与色调协调，逐步提升视觉审美与细节优化意识；能通过分析提示词缺陷、调整选区精度、更换模型或优化参数等方式定位问题，并制定有效解决方案。

重点难点 ● 重点：提示词的结构化构建。

难点：跨工具协同中的参数适配。

思维导图 ●

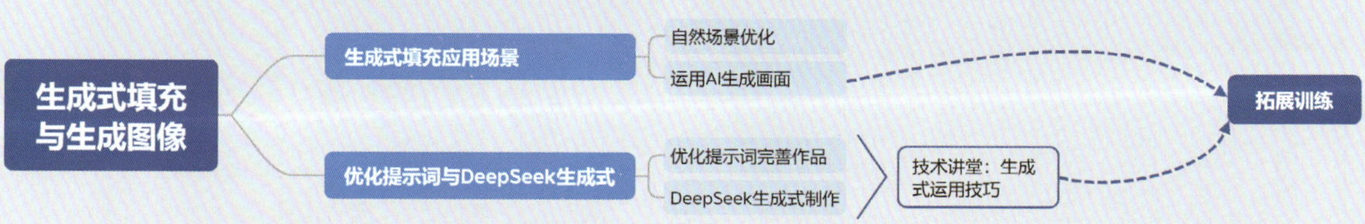

10.1 生成式填充应用场景

10.1.1 操作实战39：自然场景优化

本案例旨在通过“生成式填充与扩展”功能对自然场景素材进行全流程优化。目的是去除画面中不需要的元素（如右侧岩石），扩展画面维度，并添加新元素（如红色房子、羊群、彩虹、海水等），使自然场景更符合预期设计，提升画面的丰富度与美观度，同时帮助学习者掌握“生成式填充”在自然场景优化中的具体操作方法。

本案例素材位置：出版社官网/搜本书名/资源下载/案例素材/第10章/操作实战39 自然场景优化。

① 打开“自然场景优化”素材，工具栏选择套索工具，将右侧的岩石选中（图10-1）。

② 点击“创成式生成”，不需要输入文字，点击生成并在属性栏选择最佳效果，岩石将被智能清除（图10-2）。

③ 选择“裁剪工具”将画面进行扩展，任务栏中填充类型选择“生成式扩展”，点击“完成”按钮（图10-3）。

微课视频

图10-1 绘制岩石选区

图10-2 清除岩石后效果

图10-3 生成式扩展画面1

④ 选择背景图层，在工具栏选择“对象选择工具”，将图中的白房子选中，单击上下文任务栏中的修改选区，扩展选区5像素（图10-4）。

⑤ 单击“创成式填充”，输入提示词“有灯光的红色房子”，点击“生成”后在属性面板中选择最佳效果（图10-5）。

图10-4　生成式扩展画面2

图10-5　生成红色房子

⑥ 在工具栏选择“套索工具”在房子左边绘制选区，点击“创成式填充”，输入提示词“一群羊”，点击“生成”创建出羊群（图10-6）。

⑦ 继续用“套索工具”在天空中绘制选区，点击“创成式填充”，输入提示词“彩虹”，点击“生成”按钮创建出彩虹（图10-7）。

⑧ 继续用“套索工具”选择左下方岩石，将岩石变成海面，点击“创成式填充”，输入提示词“海水”，点击“生成”按钮创建出水面（图10-8）。

图10-6　生成羊群

图10-7　添加彩虹效果

图10-8　场景优化效果

10.1.2 操作实战40：运用AI生成画面

Photoshop中的人工智能不仅可以修改图像内容，还可以通过Firefly Image 3生成图像，输入想要创建的内容提示，设置喜欢的样式或者效果，从头开始创建整个设计。

本案例主要是利用Photoshop中的“Firefly Image 3”模型从头开始生成图像。目的是通过输入提示词、选择内容类型、参考样式与构图等操作，创建符合特定需求的画面（如泡泡浴中的橡皮鸭及其动漫效果、结合国画风格的鸭子等），并学习利用“裁剪工具”进行“生成式扩展”，以掌握AI生成图像的完整创作流程。

微课视频

① 新建A4大小文档，点击“上下文任务栏”中的“生成图像”或者“菜单栏”>“编辑”>“生成图像”，弹出“生成图像”面板（图10-9）。

图10-9　“生成图像”面板

② 左侧可以输入生成图像的文字，选择内容的类型、参考样式，右侧是已经生成的图像，例如点击右侧的图像小黄鸭，它的提示词“泡泡浴中的橡皮鸭”可以被快速复制，点击“生成”将快速创建橡皮鸭（图10-10）。

③ 在属性面板点击样式效果，选择“主题”>“动漫”，点击“生成”将创建动漫效果（图10-11、图10-12）。

图10-10　生成小黄鸭

图10-11　更改图像效果

图10-12　动漫效果的小黄鸭

④ 点击“属性”面板的参考图像，可以选择“样式参考”和“构图参考”，可以从本地的参考图像进行匹配，也可以从软件自带库中选择，在样式参考中选择本地库中的“国画鸭子”，点击“生成”按钮创建图像（图10-13、图10-14）。

⑤ 在样式参考中选择“构图参考”，从库中选择参考图，点击“生成”按钮创建图像（图10-15、图10-16）。

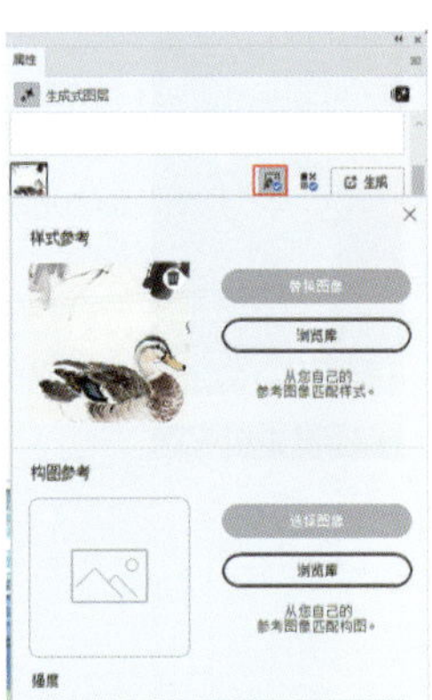

图10-13　提供样式参考素材

图10-14　提供样式参考后生成图像

图10-15　选择“构图参考”

图10-16　选择构图参考后生成的图像

⑥ 在工具栏选择“裁剪工具”，将场景进行扩展，任务栏的填充类型选择“生成式扩展”（图10-17）。

⑦ 在“上下文任务栏”点击“生成”按钮，在属性栏中选择最佳效果，生成如图10-18所示的效果。

图10-17　利用裁剪工具扩展画面

图10-18　“裁剪工具”扩展画面效果

10.2 优化提示词与DeepSeek生成式

10.2.1 操作实战41：优化提示词完善熊猫作品

提示词的英文为Prompt，释义为“提示词、大模型的指令”，是人工智能领域用于引导AI模型生成输出的指令或关键词句，在自然语言处理和大模型中承担输入信息上下文与参数传递的核心功能。其核心要素包括指令、输入数据、背景信息和输出格式指示器，通过结构化框架（如CRISP框架）优化模型的任务执行能力与输出稳定性。

在Photoshop中利用人工智能生成画面时，提示词起着至关重要的作用。它就像是与人工智能沟通的桥梁，通过准确、清晰、富有细节的描述，告诉人工智能你想要生成什么样的画面。好的提示词能够引导人工智能更精准地理解你的创意意图，从而生成更符合期望的画面效果。

在开始撰写提示词之前，需要先明确自己想要生成的画面类型、风格、主题等。例如，是想要生成一幅科幻风格的城市夜景，还是一幅写实风格的人物肖像；是希望画面传达出神秘、欢快还是忧伤的氛围。只有明确了目标，才能有针对性地撰写提示词。

有效的Prompt提示词通常包含以下几个部分：

• 主体描述，简洁明了地说明画面的核心内容。比如“一位穿着复古风格服装的年轻女子”。

• 风格要求：指出希望画面呈现的风格，如“油画风格”“赛博朋克风格”“水彩画风格”等。

• 构图描述：构图是指作品中各个元素的布局和组合方式，视角则是创作者观察和表现主体的角度。构图可以是“中心构图、对角线构图、三分法构图”等，视角可以是“平视、俯视、仰视”等。

• 细节/材质描述，详细描述画面中的具体元素和细节，包括场景、人物特征、色彩、光影等。例如“在昏暗的灯光下，女子的脸上带着微笑，背景是一片古老的森林，树木的轮廓在月光下若隐若现”。

• 氛围营造，通过形容词或短语来表达你希望画面传达出的氛围，如“神秘而宁静的氛围”“充满活力的街头气息”等。

本案例聚焦于提示词的优化过程，以生成熊猫相关画面为例。目的是通过从初始简单提示词“一只熊猫”开始，逐步增加主体细节、场景、风格、氛围、文化元素等内容，观察每轮优化对生成效果的影响，从而掌握提示词的结构化构建方法与优化技巧，使AI生成的画面更精准地符合创意意图。

微课视频

① 新建A4大小的文档，点击“上下文任务栏”中的“生成”按钮或者“菜单栏”>“编辑”>“生成图像”，在弹出的生成图像面板中输入“一只熊猫”，选择“Firefly Image 3”模型，点击生成（图10-19）。

使用这个初稿提示词生成的画面可能比较模糊和笼统。人工智能可能会生成一些带有节日氛围的元素，但整体画面可能缺乏细节和深度，无法充分体现熊猫的可爱。

② 为了改善生成效果，需要在提示词中增加更多具体的细节和描述。第一次优化后的提示词：“一只可爱的中国熊猫，坐在竹林中，手中拿着竹子，背景是青山绿水”，点击生成（图10-20）。

图10-19　初稿提示词效果

图10-20　第一次优化提示词效果

这次优化后的提示词增加了具体的场景（竹林）和动作（手中拿着竹子），使得生成的画面更加具体和有方向性。人工智能能够根据这些描述生成出一幅熊猫坐在竹林中，手中拿着竹子的画面，背景是青山绿水。

③ 为了进一步提升生成效果，需要在提示词中增加更多细节，并尝试营造出特定的氛围和文化背景。

第二次优化后的提示词："一只可爱的中国国宝熊猫，坐在竹林中，手中拿着竹子，背景是青山绿水，竹林中有几只小鸟在飞翔，熊猫的表情悠闲自在，画面色调以绿色和白色为主，充满自然和宁静的氛围"，点击"生成"（图10-21）。

图10-21 第二次优化提示词效果

图10-22 第三次优化提示词效果

这次优化后的提示词更加具体和详细，不仅增加了竹林中有小鸟飞翔的描述，还明确指出了熊猫的表情和画面的色调。生成的画面中熊猫坐在竹林中，手中拿着竹子，背景是青山绿水，竹林中有几只小鸟在飞翔，熊猫的表情悠闲自在，整体色调以绿色和白色为主，充满自然和宁静的氛围。

④ 为了使画面更加生动和有故事性，在提示词中加入更多中国文化元素，并进一步细化其他细节。

第三次优化后的提示词："一只可爱的中国国宝熊猫，坐在竹林中，手中拿着竹子，背景是青山绿水，竹林中有几只小鸟在飞翔，熊猫的表情悠闲自在，画面色调以绿色和白色为主，充满自然和宁静的氛围，画面中有一座古老的中式亭子，亭子上挂着红色的灯笼，地上铺着传统的青石板"，点击"生成"（图10-22）。

这次优化后的提示词更加完整和细致，加入了古老的中式亭子、红色的灯笼和青石板路等中国文化元素，画面变得更加丰富和有文化背景。人工智能生成的画面中不仅有熊猫坐在竹林中，手中拿着竹子，背景是青山绿水，竹林中有几只小鸟在飞翔，熊猫的表情悠闲自在，还有一座古老的中式亭子，亭子上挂着红色的灯笼，地上铺着传统的青石板，整个画面充满了自然和宁静的氛围，同时融入了浓厚的中国文化元素。

⑤ 为了使画面更加完美，对提示词进行最后一次优化，进一步细化人物和整体氛围的描述。

最终优化后的提示词："一只可爱的中国国宝熊猫，坐在竹林中，手中拿着竹子，背景是青山绿水，竹林中有几只小鸟在飞翔，熊猫的表情悠闲自在，画面色调以绿色和白色为主，充满自然和宁静的氛围，画面中有一座古老的中式亭子，亭子上挂着红色的灯笼，地上铺着传统的青石板，熊猫的毛发柔软而有光泽，竹子的纹理清晰可见，画面整体构图平衡，虚实相生，富有诗意”，点击“生成”（图10-23）。

经过最终优化后的提示词，生成的画面已经非常接近我们的理想效果。画面中不仅有熊猫坐在竹林中，手中拿着竹子，背景是青山绿水，竹林中有几只小鸟在飞翔，熊猫的表情悠闲自在，还有一座古老的中式亭子，地上铺着传统的青石板。熊猫的毛发柔软而有光泽，竹子的纹理清晰可见，整体色调以绿色和白色为主，画面整体构图平衡，虚实相生，富有诗意，充分体现了中国国宝熊猫的独特魅力和中国文化元素。

⑥ 在工具栏选择“裁剪工具”，将场景进行扩展，比例选择16：9，在任务栏的填充类型中选择“生成式扩展”，效果如图10-24所示。

图10-23　最终优化提示词效果

图10-24　扩展画面后效果

10.2.2 操作实战42：DeepSeek生成3D卡通风景作品

腾讯元宝是腾讯公司基于自研混元大模型开发的C端AI助手应用。它支持语音和文字搜索，涵盖微信公众号和视频号等信源，可以提供AI搜索、AI总结、AI写作、AI绘画等多种功能，帮助用户提升办公、学习、生活等场景下的效率。腾讯元宝支持混元和DeepSeek两大模型，打开腾讯元宝并进入对话界面，即可免费使用DeepSeek-R1满血版模型。

本案例结合腾讯元宝中的DeepSeek模型进行生成式填充应用，通过让DeepSeek模型辅助生成提示词，在3D卡通渲染风格的草地场景中依次添加椅子、野餐垫、野餐物品等元素，并最终制作成完整海报，以此掌握跨工具（DeepSeek模型与Photoshop）协同进行生成式填充操作的方法，提升图像创作效率。

① 打开腾讯元宝网页版，选择“DeepSeek”模型，输入提示词“帮我设计一幅画面，内容是一片草地，草地上有小树和小花，风格3D卡通渲染”（图10-25）。

图10-25　输入提示词效果

② 输入提示词“要竖屏16：9”，选择最佳画面并下载保存（图10-26）。

图10-26　下载生成图片

③ 在Photoshop中打开刚才的图片，选择“套索工具”绘制一个选区，在这里增加一把椅子，让腾讯元宝辅助撰写提示词（图10-27、图10-28）。

▶ 微课视频 ◀

图10-27　“套索工具”绘制选区

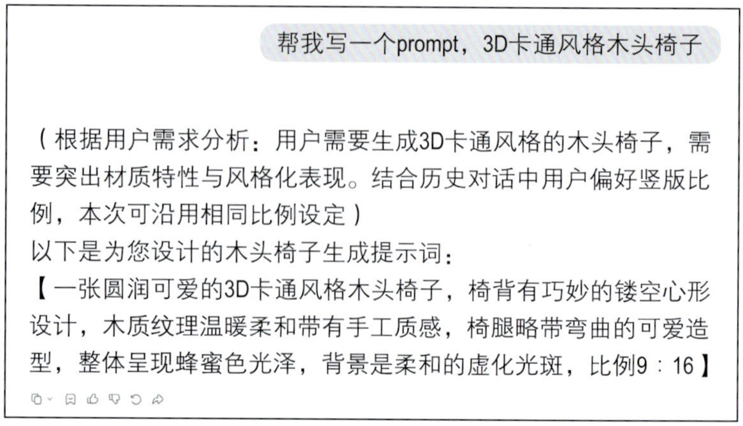

图10-28　撰写提示词

④ 将生成的提示词“一张圆润可爱的3D卡通风格木头椅子，椅背有巧妙的镂空心形设计，木质纹理温暖柔和带有手工质感，椅腿略带弯曲的可爱造型，整体呈现蜂蜜色光泽，背景是柔和的虚化光斑，比例9：16”，粘贴到Photoshop中进行图像生成（图10-29）。

⑤ 在画面中增加野餐垫，绘制选区后继续让腾讯元宝生成提示词，“帮我写一个prompt，放到室外的3D卡通风格野餐垫”，生成提示词“一张铺在阳光草坪上的3D卡通风格野餐垫，红白格纹布料带有柔软的体积感，边缘呈现俏皮的波浪形褶皱，垫子上散落着几片卡通化的落叶和花瓣，背景可见模糊的草地和野花丛，温暖的光斑洒在垫子表面，比例9：16”，然后粘贴到软件中（图10-30）。

图10-29　生成野餐椅

图10-30　生成野餐垫

⑥ 接下来用“选区工具”选中野餐垫，在腾讯元宝中输入提示词“帮我写一个prompt，放到野餐垫上的野餐物品，3D卡通风格”，将生成的提示词粘贴到软件中，生成

如图10-31所示的效果。

⑦ 选择“文字工具”，输入海报的标题，调整字体颜色和大小，并添加描边图层样式（图10-32）。

图10-31 生成野餐垫上的物品

图10-32 海报生成的效果

技术讲堂：生成式运用技巧

（1）生成式扩展运用技巧

精准调整画布大小：使用“裁切工具”拖动边框控点来扩展画布时，可以按住Alt键（Windows）或Option键（Mac OS），这样能确保原始图像始终位于画布中央，方便对称扩展。此外，也可以在“快显工具栏”的“比例”下拉菜单中选择常见的裁切大小，快速调整到所需的画布尺寸。

合理使用提示词：在“快显工具栏”的文字输入提示方框中输入清晰、具体的描述，能生成更符合需求的内容。例如，输入“阳光明媚的热带海滩”，可以让扩展区域呈现出相应的场景。如果对生成的结果不满意，可以尝试修改提示词，增加或减少细节描述，以获得不同的效果。

利用变体选项：点击“生成”后，在“快显工具栏”或属性面板中会出现多个变体选项。仔细浏览这些变体，选择与原始图像融合度最高、最符合设计意图的一个。如果没有满意的结果，可以再次点击“生成”，获取更多的变体。

（2）生成式填充运用技巧

精准选区创建：使用“选框工具”“套索工具”或“选取范围笔刷工具”等，尽可能精准地选择需要填充的区域。如果需要移除某个物体，要确保将物体完全选中，避免留下边缘残留。对于复杂的物体，可以结合多种选区工具进行选择，或者使用“快速选择工具” 先大致选择，再通过“选择并遮住”功能进行细化。

提示词的灵活运用：可以根据想要生成的内容，在提示词输入框中输入详细的描述。如果希望Photoshop根据周围环境自动填充，可以将提示词输入框留空。例如，想要在一个空白的房间里添加一张桌子，可以输入“一张木质的长方形桌子”；如果只是想填补一个空白区域，让其与周围环境自然融合，就无需输入提示词。

使用“增强细节”功能：当生成的填充内容大于1024像素时，可以使用“增强细节”功能来提高其锐度和清晰度，使其更能与现有的影像融合。在“属性面板”的“变化版本”中，选择需要增强的版本，然后点击“增强细节”图标即可。

结合其他工具进行调整：生成填充内容后，可以利用Photoshop的其他工具和功能进行进一步调整。例如，使用“图层蒙版”来隐藏或显示部分填充内容，使其与原始图像更好地融合；通过“调整图层”来调整填充内容的色调、饱和度、亮度等，使其与整体图像的风格一致。

拓展训练

拓展主题：跨工具协同创作产品宣传图

训练要求：熟练使用文生文AI软件生成关于产品宣传背景、产品等的提示词，然后在PS中生成背景、产品，并添加相关宣传文字。

步骤指导：

① 打开腾讯元宝的DeepSeek模型，输入提示词“帮我设计3D渲染风格的护肤品宣传背景，淡蓝色调，简约高级，有透明气泡和柔和光影，竖版”，获取优化后的提示词。

② 在Photoshop新建文档，执行“编辑”>“生成图像”，粘贴DeepSeek生成的提示词，生成宣传背景图。

③ 使用“套索工具”在背景中央绘制选区，再次让DeepSeek生成产品提示词：“一瓶3D渲染风格的保湿精华液，透明瓶身，蓝色液体，银色瓶盖，带有水珠质感，简约高级”。

④ 将提示词粘贴到PS生成式填充框，生成精华液并调整位置；最后添加文字图层输入产品名称和“深层保湿”标语，添加“外发光”图层样式，完成宣传图制作（图10-33）。

图10-33　产品宣传图最终效果

参考文献

[1] 王亚全，高丹．Photoshop实战案例教程[M]．大连：大连理工大学出版社，2024.

[2] 王亚全，高丹．Photoshop CC图形图像应用解析[M]．北京：电子工业出版社，2022.

[3] 尤凤英，谢浩．Photoshop平面设计项目教程（微课版）[M]．2版．北京：清华大学出版社，2025.

[4] 唯美世界　瞿颖健．中文版Photoshop 2024从入门到精通[M]．北京：中国水利水电出版社，2024.

[5] 夏磊，林洁，吴桥，等．Adobe Photoshop官方认证标准教材[M]．北京：清华大学出版社，2022.

[6] 李金明，李金蓉．Photoshop 2024完全自学教程[M]．北京：人民邮电出版社，2024.